Maple V
in der
mathematischen
Anwendung

Wade Ellis, Eugene Johnson,
Ed Lodi, Daniel Schwalbe

Maple V
in der
mathematischen
Anwendung

2. aktualisierte und überarbeitete Auflage

An International Thomson Publishing Company

Bonn • Albany • Belmont • Boston • Cincinnati • Detroit • Johannesburg • London
Madrid • Melbourne • Mexico City • New York • Paris • Singapore • Tokyo • Toronto

©1997 by International Thomson Publishing GmbH
1. Auflage 1997

Titel der amerikanischen Originalausgabe: *Maple V Flight Manual Release 4.*
Tutorials for Calculus, Linear Algebra, and Differential Equations
© 1997 by Brooks/Cole Publishing Company.
A division of International Thomson Publishing Inc.

Ellis, Wade:
Maple V in der mathematischen Anwendung : 2. aktualisierte und überarbeitete Auflage /
Wade Ellis, Eugene Johnson, Ed Lodi, Daniel Schwalbe
- 2. Aufl. - Bonn [u.a.] : Internat. Thomson Publ. 1997
ISBN 3-8266-0353-2

Übersetzung: Karola Bronstein, Zürich (unter Mitwirkung von Volker RW Schaa, Darmstadt)
Satz: Matthias Jurke, Berlin
Belichtung: Wiener Verlag, Himberg bei Wien
Umschlaggestaltung: Justo Garcia Pulido, Bonn
Produktion: TYP*isch* Müller, München
Druck und buchbinderische Verarbeitung: Wiener Verlag, Himberg bei Wien

Printed in Austria

Dieses Buch ist auf 100% chlorfrei gebleichtem Papier gedruckt.

Inhaltsverzeichnis

Vorwort

Dieses Buch ist eine auf *Maple V Release 4* aktualisierte und überarbeitete Neuauflage von „Maple V in der mathematischen Anwendung" (*Maple V Flight Manual*). Es werden die wichtigsten neuen Features und Befehle von *Maple V Release 4* beschrieben. Das Kapitel über Differentialgleichungen wurde vollständig überarbeitet und behandelt die umfangreichen Veränderungen bei den Befehlen für Differentialgleichungen, sowie das erweiterte graphische Interface, das die Benutzerfreundlichkeit von Maple entscheidend verbessert.

Die ersten drei Kapitel wurden überwiegend von Ed Lodi und Wade Ellis, Jr. verfaßt, aber auch die beiden anderen Autoren haben sehr viel zu diesen Kapiteln beigetragen. Das vierte Kapitel über lineare Algebra wurde von Eugene Johnson geschrieben. Er hat ferner in intensiver Zusammenarbeit mit der Waterloo Maple Software Group (WMSG) bei der Erweiterung des Maple-Packages `linalg` mitgewirkt. Dan Schwalbe verfaßte und überarbeitete das fünfte Kapitel über Differentialgleichungen, in Zusammenarbeit mit der WMSG und mit großer Unterstützung beim Schreiben von seiner Frau Kathryn Schwalbe.

Die Autoren dieses Buches empfanden die mehrere Jahre dauernde Zusammenarbeit an diesem Projekt als sehr angenehm. Der Ideenaustausch über Computeralgebrasysteme und deren Einsatz in Lehre und Forschung der Mathematik, war äußerst lohnenswert. Wir hoffen, daß Sie genauso viel Freude beim Lesen dieses Buches haben werden, wie wir als Autoren beim Schreiben.

Danksagungen

Wir möchten an dieser Stelle folgenden Mitarbeitern von Brooks/Cole Publishing Company danken: Jeremy Hayhurst, Robert Evans and Cynthia Sanner für ihre unermüdlichen Bemühungen, den Studenten im Mathematikunterricht das Arbeiten mit Maple zu ermöglichen und dafür, daß sie die Autoren für dieses Projekt zusammengebracht haben. Ebenso danken wir Marlene Thom, Nancy Conti und Tami McBroom für ihre Hilfsbereitschaft und Ermunterung bei der Erstellung dieses Buches und dem Herstellungsteam, insbesondere Vernon Boes und Laurie Albrecht, für die vielen hilfreichen Anregungen. Wir haben sehr gerne mit dem hervorragenden Team von Brooks/Cole Publishing Company zusammengearbeit.

Der Waterloo Maple Software Group danken wir für die Erweiterung und Verbesserung des Maple V – Packages `linalg`, das nun mächtiger und einfacher zu verwenden ist. Besonderen Dank schulden wir Mike Monagan von der WMSG, dem Hauptprogrammierer dieses Packages. Der vielfältige Austausch von Ideen und Code mit Mike hat zur Verbesserung der Maple-Packages `linalg` und `ODE2`, sowie der Kapitel über lineare Algebra und Differentialgleichungen beigetragen.

Unser Dank gilt weiter Keith Geddes für seine Initiative und Unterstützung bei der Entscheidung, Maple V für einen effektiven Einsatz in der Lehre zu modifizieren. Wir danken Benton Leong, daß er die aktuelle Genehmigung und Implementierung der Softwareänderungen gefördert hat. Auch andere Mitglieder des Waterloo-Teams waren beim Testen und mit Anregungen behilflich.

Wir danken auch den Studenten der University of Waterloo Symbolic Computation Group, insbesondere Blair Madore, Lee Qiao und Katy Simonsen.

Ebenso danken wir Jerry Kazdan von der University of Pennsylvania und David Royster von der University of North Carolina für ihre verständnisvollen Anmerkungen. Wir danken auch William C. Bauldry von der Appalachian State University, Maurino P. Bautista vom Rochester Institute of Technology, Sharad Keny vom Whittier College, Glenn Sowell von der University of Nebraska in Omaha und Jeanette R. Palmiter von der Portland State University für die Begutachtung des Manuskriptes der vorigen Ausgabe und die vielfältigen Verbesserungsvorschläge für das Buch. Alle verbliebenen Fehler sind natürlich unsere eigenen.

Schließlich möchten wir unseren Frauen – Jane, Sandy, Rose und Kathryn – für ihre Geduld, Unterstützung und Ermutigung während des Schreibens und der Erstellung dieses Buches danken.

Wade Ellis, Jr.
Eugene W. Johnson
Ed Lodi
Daniel Schwalbe

Einführung

Was sind Computeralgebrasysteme?

Sie haben in Ihrem bisherigen Mathematikunterricht gelernt, wie man Gleichungen löst und Funktionen untersucht. Die anspruchsvolle Manipulation von Symbolen und Ausdrücken, die Sie beim Lösen von Gleichungen und Untersuchen von Funktionen durchführen, kann auch von entsprechender Software, sogenannten *Computeralgebrasystemen*, übernommen werden. Mit Computeralgebrasystemen erhalten Sie exakte symbolische Lösungen, die Sie bisher mit Papier und Bleistift bestimmten, numerische Approximationen, für die Sie früher den Taschenrechner brauchten, und Sie können Graphen erzeugen und darstellen, die Sie bislang selbst zeichneten. Genau wie bei der Papier- und Bleistift-Methode zur Bestimmung von Lösungen und zum Zeichnen von Graphen wird der Erfolg von computergestützten Verfahren durch die zur Verfügung stehende Zeit, und Ressourcen bestimmt.

Ursprünge der Computeralgebrasysteme

Eine Gruppe von Forschern begann 1959 am Massachusetts Institute of Technology (MIT) mit der Entwicklung von MACSYMA, einem Computeralgebrasystem. Dieses erste System war das Ergebnis des Versuches, die Wissenschaftler zu überzeugen, daß mit Computern bedeutende intelligente Aufgaben ausgeführt werden können. Die Mathematik wurde zur Demonstration der Fähigkeiten von Maschinen gewählt, da einige wichtige und schwierige mathematische Prozesse regelbasiert, hochstrukturiert und somit möglicherweise auf einem Computer programmierbar sind. Die frühen Erfolge von MACSYMA zeigten, daß die Programmierung symbolischer manipulativer Mathematik (wie das Lösen von Differentialgleichungen) längst nicht so schwierig war, wie man vermuten könnte, wenn man bedenkt, wie schwierig die Unterrichtung anderer in dieser Disziplin ist.

Die Ursprünge von Maple

Eine Gruppe von Professoren und Forschern der University of Waterloo in Canada begann 1980 über Computeralgebrasysteme und ihre Nutzung in den Ingenieurwissenschaften und verschiedenen Gebieten der Mathematik zu diskutieren. Sie kamen zu dem Schluß, daß die gegenwärtig verfügbaren Systeme nicht den Anforderungen ihrer Universität mit den ausgeprägten technischen und mathematischen Abteilungen genügten, in denen sowohl Forschung als auch Lehre wichtig waren. Es wurde eine Arbeitsgruppe für symbolische Berechnungen gebildet und beschlossen, ein neues Computeralgebrasystem zu entwickeln, das bestimmte Kriterien erfüllt: (1) Viele Nutzer (einschließlich Studenten) sollten gleichzeitig Zugriff zum System haben, und es sollte nur geringe Rechenleistung oder Speicher erfordern; (2) die Syntax sollte streng logisch aufgebaut und verständlich sein; (3) es sollte einfach erweiterbar sein. Dies war die Geburt von Maple.

Maple wurde insbesondere in den letzten fünf Jahren mehrfach erweitert und verbessert. Die aktuelle Version *Maple V Release 4*, für die dieses Buch geschrieben wurde, stellt ein erweitertes graphisches Benutzerinterface für eine Vielzahl von Plattformen zur Verfügung. Eine Reihe neuer Befehle und Funktionen wurden implementiert, um insbesondere eine Erleichterung bei der Lösung von Differentialgleichungen zu bieten. *Maple V Release 4* erlaubt eine noch einfachere Definition von Funktionen und ist auf vielen Plattformen deutlich schneller geworden als frühere Versionen. Die neue Implementierung erstellt zweidimensionale Graphiken schneller, farbige Graphiken sind (auf geeigneter Hardware) möglich, und die Textformatierung ist flexibler.

Wie Sie dieses Buch benutzen sollten

Den größten Nutzen ziehen Sie aus diesem Buch, wenn Sie jeden Punkt sorgfältig durcharbeiten. Sie sollten die Anweisungen, die Sie eingeben, aufmerksam betrachten und vor der Eingabe überlegen, welches Ergebnis zu erwarten ist. In den ersten Kapiteln des Buches werden Sie gelegentlich aufgefordert, Anweisungen einzugeben, die Fehlermeldungen verursachen. Auf diese Weise werden Sie Erfahrung im Umgang mit derartigen Fehlern erwerben, und es soll Sie ermutigen, ungehemmt mit Maple-Anweisungen zu experimentieren.

Anmerkung für Mathematik-Anwender

Maple V ist ein mächtiges mathematisches Werkzeug, das bereits bedeutsame Anwendungen bei der Erforschung und Analyse von Problemen der Natur- und Ingenieurwissenschaften sowie der Betriebswirtschaft gefunden hat. Die symbolischen, numerischen und graphischen Möglichkeiten von Maple V können Ihnen bei den mathematischen Aspekten Ihrer Arbeit äußerst hilfreich sein. In diesem Buch werden Sie schnell die Umgebung von Maple V und einige der vielen Möglichkeiten kennenlernen, wie sich Maple bei der Lösung von Aufgaben der Differential- und Integralrechnung, der linearen Algebra und von Differentialgleichungen einsetzen läßt.

Einführung für Lehrer

Der Lehrplan für Mathematik kann durch die intelligente Nutzung von Computeralgebra-systemen bereichert werden, diese Bereicherung hat aber auch ihren Preis. Der Unterricht wird durch die neue Technologie geprägt, was sich in einer veränderten Gewichtung der Lern-ziele ausdrückt. Lehrer müssen dem Unterricht dieser inhaltlich modifizierten Kurse mehr Zeit widmen. Diese neuen Kurse sind sowohl für die Studenten, als auch für den Lehrer interes-santer, anregender und fordernder. Studenten mit Zugang zu einem Computeralgebrasystem können Konzepten und Anwendungen mehr Zeit widmen. Sie haben die Möglichkeit, auf eine zuvor unvorstellbare Weise mit der Mathematik zu experimentieren. Computeralgebra-systeme erlauben somit dem Studenten, seine Fähigkeiten zur Lösung schwieriger Probleme zu entwickeln. Er kann sich darauf verlassen, daß die profanen Details vom Computer erledigt werden.

Der Zweck dieses Buches

Die ersten drei Kapitel dieses Buches verwenden Material aus der Analysis und sind als Einführung in die Nutzung von Computeralgebrasystemen in der Mathematik und im Ma-thematikunterricht gedacht. Obwohl die ersten drei Kapitel als Ergänzung zu einer üblichen Analysis-Vorlesung dienen können, wird eine gründlichere Einbindung der Computeralgebra in diese Kurse mit Materialien aus Büchern wie *CalcLabs with Maple V* oder *Calculus Projects with Maple V* (von Brooks/Cole Publ.) erreicht.

Kapitel 4 bietet den theoretischen Rahmen für einen ersten Kurs über lineare Algebra, in dem alle umfangreicheren Berechnungen von einem Computeralgebrasystem ausgeführt wer-den. Kapitel 5 skizziert einen Kurs über Differentialgleichungen, der in erheblichem Um-fang computergestützte graphische Darstellungsmethoden und Symbolmanipulationen ein-setzt. Die meisten Differentialgleichungen werden unter einem graphischen und numerischen Gesichtspunkt untersucht, da solche Gleichungen meistens keine Lösungen in geschlossener Form aufweisen. Die ersten drei Kapitel, einschließlich einer kurzen Einführung in die Maple V-Programmierung, stellen die notwendigen Grundlagen für die mathematische Arbeit in den beiden letzten Kapiteln bereit.

Der Aufbau des Buches

Dieses Buch behandelt die üblichen Themen, die während der ersten beiden Jahre eines Mathematikkurses auf einem amerikanischen College gelehrt werden, wie Differential- und Integralrechnung mit einer und zwei Variablen, lineare Algebra und Differentialgleichungen. In den ersten beiden Kapiteln werden aus Vorbereitungsvorlesungen für Differential- und Inte-gralrechnung bekannte Themen als „Test"-Daten für mathematische Experimente und Unter-suchungen mit den verschiedenen Maple-Anweisungen oder Operatoren eingeführt. Sobald der

Leser mit der Anweisungssyntax in Maple vertraut ist, werden Methoden zur Hilfestellung und Fehlersuche sowie Maple-Funktionen der Differential- und Integralrechnung eingeführt. Die Techniken zur Anwendung ganzer Sätze von Maple-Funktionen zur Lösung mathematischer Probleme, wie sie in späteren Kapiteln benötigt werden, sind in Kapitel 3 beschrieben. Die Darstellung der Themen zur Differential- und Integralrechnung mit zwei Variablen erfordert eine anspruchsvollere Mitarbeit des Lesers, deshalb wird der Lehrcharakter nicht mehr so im Vordergrund stehen. Am Ende des Kapitels gibt es eine kurze Einführung in die automatische Abarbeitung von Anweisungssätzen (auch Programme genannt).

Die ersten drei Kapitel bilden eine Einführung in die Nutzung von Maple V als Ergänzung zu den in der Differential- und Integralrechnung erlernten Standardtechniken zur Berechnung mit Papier und Bleistift. Obwohl aufgrund der Flexibilität von Computeralgebrasystemen andere Zugangsweisen zu diesem Material möglich sind, haben wir in diesen einführenden Kapiteln einen minimalistischen Zugang mit einer nur kurzen Diskussion der Programmierung gewählt.

In Kapitel 4 über lineare Algebra werden die Standardthemen mit Maple gleich von Anfang an unter einem konzeptuellen statt einem rechnerischen Gesichtspunkt neu strukturiert. Dieses Kapitel ist kein Lehrbuch der linearen Algebra, aber es stellt die nötigen Rechentechniken und Grundprinzipien für die Nutzung von Computeralgebrasystemen als integralem Teil einer Einführung in die lineare Algebra bereit. Umfangreiche oder längere Berechnungen werden von Anfang an mit Maple statt mit Papier und Bleistift ausgeführt, dies läßt mehr Zeit für die Entwicklung und Erläuterung des konzeptionellen Rahmens hinter den Berechnungen. Leser, die bereits an Kursen teilgenommen haben, die den ersten Teil des Buches verwendeten, werden beim Durcharbeiten des Kapitels über lineare Algebra keine Probleme haben, obwohl es in der Darstellung weniger Erklärungen gibt. Es sei nochmals betont, daß die Anforderungen an den Leser in Bezug auf mathematisches Denken und Computereinsatz ständig anspruchsvoller werden. Der Leser wird häufig aufgefordert, mehrere Maple-Anweisungen auf einmal einzugeben und sich intensiver mit den von Maple berechneten Ergebnissen auseinanderzusetzen.

In Kapitel 5 wird ein neues Niveau und eine neue Richtung für das Studium elementarer Differentialgleichungen unter Einbeziehung aller Werkzeuge entwickelt, die Maple zur Verfügung stehen. Mit den graphischen, numerischen und symbolischen Möglichkeiten von Maple wird die Grundlage für einen Kurs gelegt, in dem Modellierung das zentrale Thema darstellt. Dank der umfangreichen Möglichkeiten von Maple kann man mit interessanteren Beispielen experimentieren und vertraut werden, dies wiederum wird als Motivation für das Studium der zugrundeliegenden Mathematik dienen. Es reicht nicht mehr aus, eine „Antwort" zu erhalten, das Modell soll verstanden werden.

Ein besseres Verständnis der Natur der Lösungen vermittelt den Lesern einen genaueren Einblick in die Nützlichkeit und Schönheit von Differentialgleichungen, als wenn sie sich auf den Erwerb von Fertigkeiten für die Lösung spezieller Arten elementarer Differentialgleichungen konzentrieren würden. Obwohl dieses Kapitel kein Lehrbuch über Differentialgleichungen ist, zeigt es den Weg zu einem neuen gehaltvolleren und interessanteren Kurs. Dieser neue Kurs fordert höheren Einsatz, ist aber anregender und lohnender.

Wie dieses Buch genutzt werden kann

Dieses Buch kann als Ergänzung zum Thema Computereinsatz für jeden Mathematikkurs während des ersten bis zweiten Jahres dienen. Das einführende Material der ersten beiden Kapitel soll das notwendige Grundverständnis für die Anwendung von Maple entwickeln. Dies ist Voraussetzung für den weiteren Einsatz von Maple in der Differential- und Integralrechnung, der linearen Algebra oder zur Lösung von Differentialgleichungen. Lehrkräfte, die diese Technologie zum ersten Mal für den Unterricht in diesen Kursen nutzen, können mit kleinen technologischen Steigerungen beginnen. Dieses Buch unterstützt diese Lehrer bei der schrittweisen Änderung des Kurses, während sie sich selbst auf wesentliche Änderungen vorbereiten, die die pädagogische und intellektuelle Beherrschung eines Computeralgebrasystems voraussetzen.

Aufgrund seiner Struktur und der verschiedenen Schwerpunkte kann dieses Buch von mathematischen Fachbereichen für die abgestufte, aber wirkungsvolle Einbindung von Computeralgebrasystemen in ihr Lehrangebot genutzt werden. Dank des Lehrcharakters der ersten Kapitel können sich Studenten und Lehrer mit einem Computeralgebrasystem vertraut machen, ohne traditionelle Kurse grundsätzlich zu verändern. Sobald Studenten und Lehrer erkannt haben, was Computeralgebrasysteme leisten können, lassen sich bereits Ideen zur rechnergestützten Berechnung leicht für Berechnungen in einem Kurs über lineare Algebra einsetzen. Hat sich mit der Zeit schließlich ein verfeinerter Überblick entwickelt, wie und wann Computeralgebrasysteme am erfolgreichsten einzusetzen sind, so erwächst aus der Nutzung ein vollständig neu gestalteter Kurs über Differentialgleichungen. Die Dozenten werden mit einer veränderten Ansicht zum eigentlichen Wesen des Kurses über Differentialgleichungen eher in der Lage sein, die elementaren Kurse zur Differential- und Integralrechnung so neu zu strukturieren, daß die mathematische Reife ihrer Studenten durch angemessenen Einsatz von Computeralgebrasystemen stärker gefördert wird.

Dieses Buch kann bei Kursen für die mathematische Ausbildung von Lehrern als Ergänzung zum Thema Computereinsatz in Schulen genutzt werden. Die große Bandbreite mathematischer Inhalte, die durch das Maple-Paket abgedeckt werden kann, wird dem zukünftigen Lehrer solides Grundwissen vermitteln, zum einen über die Möglichkeiten des Computereinsatzes im Mathematikunterricht und zum anderen für die Vermittlung der Notwendigkeit, daß sich ihre Studenten mit dem Einsatz und dem möglichen Mißbrauch von Technologie vertraut machen müssen.

Dieses Buch kann auch in einführenden Computerkursen für Ingenieure und Wissenschaftler verwendet werden. Obwohl in diesen Kursen zur Zeit oft die numerischen Möglichkeiten von Fortran oder Pascal eingesetzt werden, wird die zukünftige Computernutzung in Wissenschaft und Technik sicher Computeralgebrasysteme mit einschließen. Das Buch kann in diesen Kursen entweder als Ergänzung oder als Lehrbuch genutzt werden.

Kapitel 1

Eine erste Beispielsitzung

Die folgenden Anweisungen setzen das Arbeiten mit einem graphischen Benutzerinterface, z.B. der Windows-Umgebung voraus. Schalten Sie Ihren Computer ein und starten Sie Ihre Windows-Umgebung. Öffnen Sie, falls nötig, das Maple-Verzeichnis und die Maple-Anwendung mit der Maus. Ihr Bildschirm sollte etwa so aussehen:

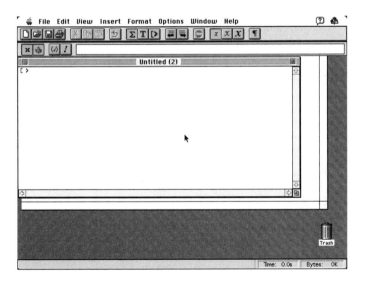

Das hier gezeigte Startfenster wird Maple-Worksheet genannt. Das Symbol > ist das sogenannte Maple-Prompt, mit dem Sie zur Eingabe eines Maple-Befehls aufgefordert werden. Die Icons und Menüsymbole am oberen Bildschirmrand gestatten Ihnen einen bequemen Zugriff auf einige der meist gebrauchten Maple-Features.

Maple und Mathematik

Wenn Sie dieses Tutorial sorgfältig und umsichtig durcharbeiten, lernen Sie spielend die beeindruckenden Eigenschaften von Maple zu nutzen. Es ist deshalb wichtig, daß Sie jeden im Textbereich farbig erscheinenden Maple-Befehl eingeben. Die Ausführungen in der Marginalspalte (linker bzw. rechter Rand) beschreiben diese Befehle und zusätzliche Erklärungen finden Sie jeweils auch nach den farbig hervorgehobenen Maple-Befehlen im Text.

Sie können Ihr Verständnis für Maple vertiefen, wenn Sie jeden Maple-Befehl und dessen Erklärungen sorgfältig überdenken und ihn nicht nur einfach mechanisch eingeben. Ziel dieses Tutorials ist es, Ihnen ein Gefühl für die Wechselwirkungen zwischen Ihnen, Ihrem Computer und Maple zu vermitteln. Wenn Sie mit Ihrem Computer und Maple vertraut sind, werden Sie Beispiele durcharbeiten, mit deren Hilfe Sie die Untersuchung mathematischer Probleme und Konzepte mit Maple erlernen können.

Die Maple Online-Hilfe „Help"

Mit ? können Sie jederzeit in Ihrem Worksheet auf Help zugreifen.

Nachdem Sie ? eingegeben haben, drücken Sie die Enter-Taste bei Windows- oder die Return-Taste bei Macintosh- und UNIX-Computern. In diesem Buch verwenden wir „Enter drücken", und meinen damit je nach Computer „Enter oder Return drücken". Ihr Bildschirm sollte nun etwa so aussehen:

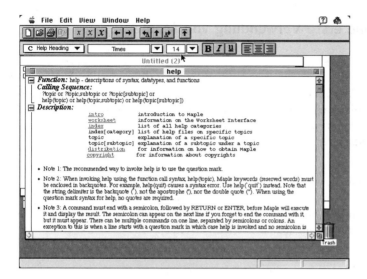

Das ist ein allgemeines Help-Fenster, das den Zugriff auf die Help-Dateien verschiedener Themen beschreibt. Die Hinweise (engl.: Note) geben Ihnen zusätzliche Informationen und Erklärungen. Der erste Hinweis empfiehlt beispielsweise, Help mittels Fragezeichen (?) aufzurufen.

Klicken Sie auf <u>intro</u>
Das Help-Fenster für intro erscheint. Um mit einigen Maple-Features vertraut zu werden, sollten Sie sich dieses Help-Fenster sorgfältig durchlesen. Sie können jedes unterstrichene Wort anklicken und erhalten zusätzliche Informationen darüber.

Sie können auf die unterstrichenen Themen im Help-Fenster zugreifen.

Mit Help können Sie herausfinden, wie Sie Maple-Befehle verwenden können. Benutzen Sie Help so oft wie möglich.

Um zum Maple-Worksheet zurückzukehren, klicken Sie zuerst auf die Schaltfläche in der oberen linken Ecke des Help-Fensters intro (auf den meisten Windows- und Unix-Computern verwenden Sie dazu die linke Maustaste). (Bei PC- und UNIX-Windows könnten Sie irrtümlicherweise die Schließfläche für die gesamte Windows-Umgebung verwenden. In diesem Fall werden Sie gefragt, ob Sie Windows verlassen möchten. Machen Sie diese Operation rückgängig und verwenden Sie die richtige Schließfläche.) Bei PC-Windows wählen Sie Schließen aus dem Datei-Menü oder geben die Tastenkombination (Alt-F4) ein, wie im Maple File-Menü unter Close angegeben. Durch Wiederholen dieser Operation schließen Sie das Help-Fenster.

Eine erste Verwendung von Maple

Sie können zwei Zahlen addieren.

2+3;

Beachten Sie das Semikolon (;) am Zeilenende. In Maple wird es als Abschluß für jede Anweisung verwendet. Nach der Eingabe des Semikolons drücken Sie Enter. (Denken Sie daran, an einigen UNIX-Workstations Return zu verwenden.) Als Antwort erscheint in der Bildschirmmitte eine 5, gefolgt vom Maple-Prompt.

Sie können ebenso Brüche addieren.

2/3+1/7;

Die Brüche werden mit dem Divisionszeichen (/) eingegeben. Nach dem Semikolon (;) drücken Sie Enter. Beachten Sie, daß die Antwort $\frac{17}{21}$ in der Bildschirmmitte erscheint (17 und 21 direkt übereinander und durch einen Bruchstrich getrennt).

Sie können eine Zahl potenzieren.

2^5;

Ihr Bildschirm sollte etwa so aussehen:

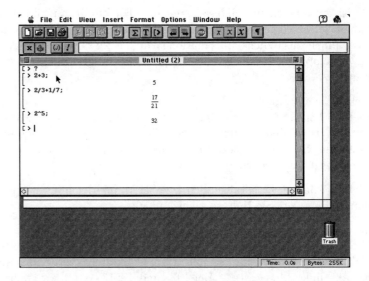

Mit (^) wird die Potenzierung bezeichnet. Sie haben Maple nach 2^5 gefragt. Das ist bekanntlich 32 und so lautet auch die Ausgabe auf Ihrem Computer. Zur Kontrolle Ihrer Eingaben und Maple-Berechnungen, sollten Sie vor der Ausführung eines Befehls über dessen Ergebnis nachdenken.

2+3

Um diesen Fehler zu simulieren, achten Sie darauf, vor Enter *kein* Semikolon (;) einzugeben. Nach dem Drücken der Enter-Taste erscheint auf dem Bildschirm eine Warnung. Suchen Sie in Ihrem Befehl einen Fehler und beheben Sie ihn. In diesem Fall fehlt das Semikolon.

Was passiert, wenn Sie das Semikolon (;) vor Enter vergessen?

;

Geben Sie ein Semikolon ein und drücken Sie Enter. Danach wird die Antwort 5 in der Bildschirmmitte angezeigt. Das Maple-Prompt erscheint und fordert Sie zur weiteren Befehlseingabe auf. Falls Sie dieses Symbol verloren haben, können Sie auch mit dem Prompt-Icon [> in der Symbolleiste ein neues > erhalten.

Sie können diesen Fehler korrigieren.

Zahlen: Ganze und Rationale Zahlen, Dezimalzahlen

2^32;

Wie Sie sehen, wird die Antwort exakt angegeben. Dieses Ergebnis unterscheidet sich (und das ist so korrekt) von dem, was Sie auf den meisten Taschenrechnern erhalten würden.

Sie können 2 auch in große Potenzen erheben.

(2/5)^32;

Die Klammern stellen sicher, daß der gesamte Bruch, und nicht nur der Nenner, in die Potenz 32 erhoben wird. Der angegebene Bruch ist wiederum das exakte Ergebnis.

Sie können ebenso rationale Zahlen in große Potenzen erheben.

0.4^32;

Wie Sie sehen, weicht die nun angegebene Antwort vom vorigen Ergebnis ab. Wieviele Stellen werden angezeigt? Dieses Resultat ähnelt dem eines Taschenrechners und es ist die beste zehnstellige Näherung der exakten Antwort.

Bei einer anderen Darstellung von zwei Fünfteln erhalten Sie ein anderes Ergebnis.

evalf((2/5)^32);

Sehen Sie sich die Klammern sorgfältig an. Die äußeren Klammern umschließen das Argument des Befehls **evalf**. Dieses Ergebnis ist gleich dem der vorigen Anweisung. Es hat ebenfalls 10 Stellen.

Mit dem Maple-Befehl **evalf** *können Sie eine dezimale Näherung des exakten rationalen Ergebnisses erzielen.*

evalf(2/5)^32;

Achten Sie darauf, die Klammern genauso einzugeben, wie es angezeigt ist. Die nun erscheinende Nachricht ist eine Standardmeldung, die dann erscheint, wenn Maple Ihre Eingabe nicht versteht. In diesem Fall gibt es mehr rechte, als linke Klammern. Immer dann, wenn eine Syntax-Fehlermeldung auftritt, sollten Sie überprüfen, ob Sie einen

Bei der Eingabe von Ausdrücken mit vielen Klammern treten häufig Fehler auf.

Befehl falsch gebildet oder ein Wort falsch geschrieben haben. Der Cursor blinkt an der Stelle, wo Maple auf das Problem trifft. Um den gewünschten Befehl auszuführen, können Sie ihn entweder neu eingeben oder die Editiermöglichkeiten Ihres Computer verwenden. Für ein neues Prompt klicken Sie auf die [> Schaltfläche.

Sie können die Stellenzahl der angezeigten Dezimalzahlendarstellung festlegen.

```
Digits:=20;
```

Bei `Digits` müssen Sie ein großes D eingeben, da Maple bei Namen zwischen kleinen und großen Buchstaben unterscheidet. Das Symbol `:=` (ohne Leerzeichen zwischen : und =) fordert Maple auf, der Variablen auf der linken Seite den rechts stehenden Wert zuzuweisen. Dies erhöht die angezeigte Stellenzahl von der Standardeinstellung 10 auf 20. Am angezeigten Ergebnis sehen Sie, daß die Variable *Digits* nun den Wert 20 hat:

```
Digits:=20
```

Betrachten wir nun die Dezimaldarstellung von 2^{100}.

```
evalf(2^100);
```

Hier wird das Ergebnis als 20stellige Dezimalzahl angezeigt. Diese Darstellung wird auch Gleitkommadarstellung genannt.

Sie können die Stellenanzahl einer bestimmten Gleitkommaberechnung variieren.

```
evalf(2^100,30);
```

Beachten Sie, daß die Antwort nun dreißig Stellen besitzt, obwohl *Digits* den Wert 20 hat. Um *Digits* wieder auf 10 zurückzustellen, geben Sie `Digits:=10;` ein.

Variablen

Sie können einer Variablen einen Wert zuweisen.

```
z:=5;
```

Dieser Befehl weist der Variable *z* den Wert 5 zu. Bei Ihrer bisherigen Arbeit mit Maple haben Sie eine Antwort gesehen. Hier wiederholt Maple den eingegebenen Befehl (ohne das abschließende Semikolon). Maple gibt immer dann die eingegebene Anweisung wieder, wenn keine zu einer Antwort führende Operation ausgeführt wurde.

Maple kann Ausdrücke berechnen.

```
z^2;
```

Die Variable *z* hat den Wert 5. Maple weist diesen Wert *z* zu und berechnet anschließend den Ausdruck.

Die Multiplikation muß in dem zu berechnenden Ausdruck explizit angegeben werden.

```
2*z;
```

Die Multiplikation wird durch ein Sternchen (*) angegeben. Für *z* gleich 5 ist der Wert des Ausdrucks selbstverständlich 10.

```
2z;
```
Die Syntax-Fehlermeldung sagt aus, daß bei dem eingegebenen Befehl ein Problem auftritt. Sie haben zu entscheiden, welche Korrekturen vorzunehmen sind. Dazu müssen Sie den Befehl mit dem korrekt plazierten, vorher fehlenden Multiplikationssymbol neu eingeben (oder ihn entsprechend korrigieren). Geben Sie ein Sternchen (*) ein und drücken Sie Enter.

Was geschieht, wenn Sie ein Sternchen (*) vergessen?

```
z:='z';
```
Das Symbol ' befindet sich auf einer Taste mit dem Anführungszeichen (").

Stellen Sie z wieder als Variable ohne zugewiesenen Wert her.

```
z^2+4*z;
```
Der von Ihnen eingegebene Ausdruck wird anders angezeigt. Beachten Sie, daß z Quadrat in der mathematisch üblichen Schreibweise angegeben wird. Es erscheint auch kein Sternchen. Obwohl Sie die Ausdrücke mit Potenzzeichen und Multiplikationssymbolen eingeben *müssen*, gibt Maple sie ohne diese wieder.

Überprüfen Sie, daß z keinen zugewiesenen Wert hat.

```
";
```
Der Ausdruck $z^2 + 4z$ wird im Maple-Format angezeigt.

Dem Anführungszeichen " wird der Wert des letzten berechneten Ausdrucks zugewiesen.

```
"-2*z;
```
Maple kombiniert, wenn möglich, ähnliche Terme.

Sie können " auch in Ausdrücken verwenden.

```
"-3;
```
Hier wird -3 einfach an den Ausdruck angefügt. Das heißt natürlich, vom Ausdruck $z^2 + 2z$ wird 3 subtrahiert.

Sie können den Ausdruck mit anderen algebraischen Operationen verändern.

```
factor(");
```
Die Faktoren des Ausdrucks " werden angezeigt.

In Maple gibt es einen Faktorisierungsbefehl **factor***.*

```
expand(");
```
Kontrollieren Sie stets Ihre Ergebnisse. Sie könnten bei der Eingabe des Ausdrucks Fehler gemacht haben. In seltenen Fällen tritt auch bei Maple, wie bei den meisten umfangreichen und komplexen Programmen, ein Fehler auf. Diese seltenen Fehler vermindern nicht die Nützlichkeit solcher Programme. Gewöhnen Sie sich an, Ihre Maple-Berechnungen zu kontrollieren, genauso wie Sie Ihre von Hand ausgeführten Berechnungen überprüfen.

Überprüfen Sie dieses Ergebnis mit dem Befehl **expand***.*

Einem Variablennamen kann ein Ausdruck zugewiesen werden.

```
p:=x^2+2*x-3;
```
Der Wert $x^2 + 2x - 3$ wird p zugewiesen.

Sie können stets nachprüfen, welcher Wert einer Variablen zugewiesen wurde.

```
p;
```
Der angezeigte Wert ist der von p.

Sie können den Ausdruck p faktorisieren.

```
factor(p);
```
Kontrollieren Sie, daß die Faktoren von p mit den vorher angegebenen Faktoren von $x^2 + 2x - 3$ übereinstimmen.

Hat die Zerlegung in Faktoren p verändert?

```
p;
```
Die Variable p ist gleich geblieben.

Lösen Sie die Gleichung $x^2 + 2x - 3 = 0$ oder $p = 0$.

```
solve(p=0);
```
Die Lösung ist eine Menge zweier ganzer Zahlen. Diese Zahlen sind bekanntermaßen die Lösungen der zwei Gleichungen $(x + 3) = 0$ und $(x - 1) = 0$.

Sie können einen Ausdruck graphisch darstellen oder ausdrucken. Dazu müssen Sie normalerweise den Definitionsbereich der x-Werte angeben.

```
plot(p,x=-4..4);
```
Achten Sie darauf, wie der Definitionsbereich angegeben wird. Sie *müssen* zwei Punkte anstatt eines Kommas verwenden. Der Graph erscheint innerhalb kurzer Zeit und Ihr Bildschirm sollte nun etwa so aussehen:

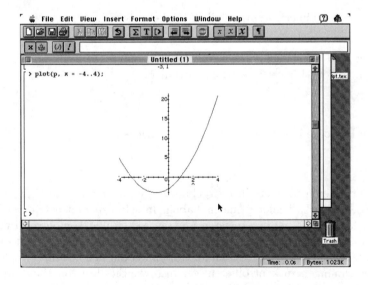

Schneidet der Graph die x-Achse an denselben Werten, die Sie auch beim Lösen der Gleichung $p = 0$ erhalten haben? Sie können dies überprüfen, indem Sie mit dem Cursor zum linken Schnittpunkt auf der x-Achse gehen und dort mit der Maus klicken. Die horizontale Koordinate, die im linken Teil der Symbolleiste angegeben wird, sollte nah bei -3 liegen. Zur Eingabe eines neuen Befehls bewegen Sie den Cursor rechts neben das letzte [> und klicken mit der Maus. Nun können Sie erneut Maple-Befehle eingeben.

```
plot(p,x=-4..4,y=-10..10);
```
Kontrollieren Sie, daß Sie bei der Angabe des Wertebereiches zwei Punkte verwendet haben. Wie Sie sehen, besteht die Skalenbeschriftung sowohl auf der x-, als auch auf der y-Achse aus ganzen Zahlen.

Wenn Sie es wünschen, können Sie auch den Wertebereich angeben.

```
plot(p,x=-2,3);
```
Die Fehlermeldung besagt, daß ungültige Argumente auftreten. Wenn Sie eine solche Fehlermeldung sehen, dann sollten Sie zuerst kontrollieren, ob Sie den Definitions- und Wertebereich tatsächlich mit Punkten eingegeben haben.

Was geschieht, wenn Sie bei der Eingabe des Befehls plot *auf einen häufig gemachten Fehler treffen?*

```
plot(p,x=-2..3,y=-10..10);
```
Die Änderung der Definitions- und Wertebereiche Ihres Graphen ermöglicht es Ihnen, das Verhalten eines Ausdrucks zu untersuchen.

Sie können den Definitionsbereich Ihres Graphen leicht verändern.

Editieren auf dem Computer

Mit den beeindruckenden Editier-Features von Maple können Sie Ihre Arbeit beschleunigen. (Verbale Anweisungen im rechten Textbereich erscheinen *kursiv*.)

Bewegen Sie den Cursor mit der Maus an den Anfang der letzten plot *Anweisung. Ziehen Sie den Cursor nun mit der gedrückten Maustaste bis an das Befehlsende und lassen Sie die Maustaste los.* Sie haben diesen Vorgang korrekt ausgeführt, wenn die gesamte plot Anweisung hervorgehoben wird.

Kopieren Sie den letzten Befehl plot.

Öffnen Sie nun das Edit-Menü, indem Sie es anklicken und die Maustaste gedrückt halten. Wählen Sie den Befehl Copy aus, indem Sie sich mit der immer noch gedrückten Maustaste darauf zubewegen, bis Copy hervorgehoben erscheint. Lassen Sie die Maustaste los. Damit ist nun ein Abbild des Befehls plot gespeichert.

Bewegen Sie den Cursor zum zuletzt erschienenen Prompt und klicken Sie mit der Maus. Öffnen Sie erneut das Edit-Menü und wählen Paste. An der Cursorposition sollte der Befehl plot erscheinen.

Diese kopierte Anweisung können Sie nun, wo immer Sie wollen, in Maple einfügen.

Editieren Sie diesen Befehl so, daß der Definitionsbereich des Graphen von −3 bis 3 reicht.

Dazu bewegen Sie den Cursor im Befehl plot *rechts neben −2 und klicken mit der Maus. Löschen Sie die 2 mit der Backspace-Taste (←), geben Sie eine 3 ein und drücken Sie Enter.*
Wie Sie sehen, müssen Sie beim Drücken von Enter nicht am Zeilenende sein, damit Maple den gesamten Befehl akzeptiert.

Wenn Sie das Edit-Menü öffnen, so sehen Sie, daß Sie für Copy und Paste auch spezielle Tastenkombinationen verwendet können. Wenn Sie beispielsweise ein Wort hervorheben, so können Sie es kopieren, indem Sie bei einem Windows Computer mit gedrückter Ctrl-Taste C und bei einem Macintosh ⌘ und C eingeben. Mit diesen Tastenkombinationen können Sie Ihre Arbeit beschleunigen. Der Befehl Undo im Edit-Menü erweist sich als äußerst nützlich, wenn Sie vom Ergebnis eines Editiervorganges überrascht sind. Um den Cursor auf dem Bildschirm zu bewegen, können Sie die Pfeiltasten Ihrer Tastatur oder die Maus verwenden.

Session beenden.

Wählen Sie im File-Menü Quit aus.
So sollten Sie eine Session normalerweise beenden.

Weitere Hinweise

Help Die Funktion Help in Maple erweist sich als äußerst nützlich. Sie haben bereits gelernt, wie Sie mit dem Symbol ? darauf zugreifen können. Maple V ermöglicht Ihnen den Zugang zu Help auch mittels der Auswahl von Help im Hauptmenü am oberen Bildschirmrand. Achten Sie auf einen vertrauten Umgang mit Help und verwenden Sie Help immer dann, wenn Sie Fragen bezüglich Befehlen, Maple-Packages etc. haben. Wenn Sie beispielsweise auf das Help-Menü klicken, so erhalten Sie ein Help-Fenster. In jedem Help-Fenster können Sie auf ein beliebiges unterstrichenes Thema klicken und Sie erhalten weitere Informationen darüber. Spielen Sie mit dieser Möglichkeit. Denken Sie daran, die Help-Fenster durch Klicken an der jeweiligen Schließfläche zu schließen, wenn Sie sie nicht mehr benötigen.

Hauptmenü und Symbolleiste in Maple V Das Hauptmenü in Maple V besitzt eine Anzahl hilfreicher Funktionen. Verwenden Sie im File-Menü Save und Print, um Ihre Session zu sichern oder auszudrucken. Die Icons in der Symbolleiste ermöglichen Ihnen den Zugriff auf verschiedenen Maple-Features. Sowohl auf Windows-Computern, als auch auf einem Macintosh können Sie mit der „Sprechblasen-Hilfe" (Balloon Help) sehen, welche Bedeutung die Icons haben. Sie aktivieren Balloon Help, indem Sie auf das Fragezeichen (?) rechts oben auf dem Bildschirm klicken und dann `Erklärungen ein -- Show Balloons` auswählen. Wenn Sie den Cursor zu einem Icon bewegen, dann erscheint eine Sprechblase, die die Bedeutung dieses Icons beschreibt. Schließen Sie Balloon Help, indem Sie im ?–Menü `Erklärungen aus -- Hide Balloons` auswählen.

Übungen

Eingeben von Ausdrücken   Schreiben Sie die folgenden Ausdrücke so, wie Sie sie in Maple eingeben würden.

1. $\dfrac{1}{x-2}$

2. $\dfrac{1}{x} + \dfrac{5}{3x}$

3. $\dfrac{x-2}{x^4 - 3x^3 + 1}$

4. $\dfrac{x-4}{(x^2 - 2x - 7)^5}$

5. 2^x

6. 2^{x+5}

Untersuchen von Ausdrücken   Untersuchen Sie die folgenden Ausdrücke mit den Befehlen `solve`, `factor` und `plot`.

7. $x^2 - 5x + 6$

8. $x^2 - 4x - 12$

9. $6x^2 + x - 15$

10. $40x^2 - 131x + 84$

11. $90x^2 - 249x + 168$

Erkunden von Maple V

12. Verändern Sie die Größe der von Ihnen eingegebenen Befehle mit den x Icons rechts auf der Symbolleiste.

13. Lassen Sie sich die Paragraphzeichen anzeigen, indem Sie das Icon ¶ neben den x Icons auf der Symbolleiste anklicken.

14. Verwenden Sie das ! Icon, anstatt Enter oder Return, zum Ausführen einer Anweisung.

15. Fügen Sie mit dem [> Icon ein neues Prompt ein.

16. Experimentieren Sie bei der Eingabe eines Befehls und des abschließenden Semikolons mit dem x Icon links bei den Optionsfeldern bzw. klicken Sie auf das x Icon, anstatt Enter oder Return zu drücken.

Kapitel 2

Vorbereitung auf die Differential- und Integralrechnung

In diesem Kapitel werden viele Maple-Befehle beschrieben, die Sie in einer typischen Vorbereitungsvorlesung für Differential- und Integralrechnung verwenden können. Hauptgegenstand einer solchen Vorlesung ist das Studium von Funktionen: deren Definitionen, Definitions- und Wertebereiche, Asymptoten, Graphen und Verhalten. Maple ist für dieses Studium sowie für andere Themen zur Vorbereitung auf die Differential- und Integralrechnung ein äußerst mächtiges Werkzeug.

2.1 Lösen von Gleichungen

Polynomgleichungen

```
q:=3*x^2-5*x+2;
solve(q=0);
```

Hier geben Sie zwei Aussagen ein. Drücken Sie nach jeder Aussage Enter. Es ergibt sich $3x^2 - 5x + 2 = 0$. Ihr Bildschirm sollte nun etwa so aussehen:

Sie haben bereits gesehen, wie einige Gleichungen gelöst werden. Betrachten wir nun weitere Gleichungen.

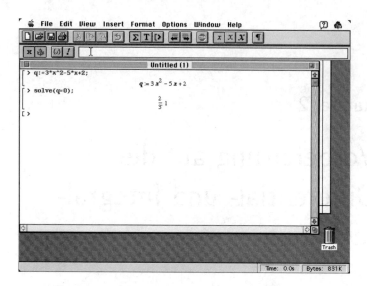

Überprüfen Sie die angezeigten Lösungen durch Faktorisieren.

Kontrollieren Sie Ihr Ergebnis mit **subs**.

```
subs(x=1,q);
```
Das angezeigte Ergebnis 0 sagt aus, daß der Wert von q bei $x = 1$ 0 ist. Analog können Sie nachprüfen, daß auch $x = \frac{2}{3}$ eine korrekte Lösung ist.

Manchmal sind Lösungen irrationale Zahlen.

```
solve(x^2-3=0);
```
Maple verwendet das Wurzelzeichen nur für Quadratwurzeln (außer unter DOS). Für die meisten anderen Wurzeln werden gebrochene Exponenten benutzt.

Sie können Gleichungen lösen, deren Lösungen kompliziertere Ausdrücke sind.

```
q:=q-1;
solve(q=0);
```
Die zwei angezeigten Lösungen sind, wie bereits zuvor, durch Komma getrennt.

Vielleicht möchten Sie für diese Lösungen eine Dezimalnäherung erhalten.

```
fsolve(q=0);
```
Die Stellenzahl der Dezimalnäherung hängt vom Wert von *Digits* ab.

Sie können die Gleichung $3x^2 - 5x + 1 = 0$ auch auf eine Weise lösen, die zwar länger dauert, jedoch jeden erforderlichen Schritt detailliert zeigt. Die Maple-Befehle für diese schrittweise Methode befinden sich im **student** Package.

Mit der Anweisung **with** *können Sie auf* **student** *zugreifen.*

```
with(student);
```
Es werden die in diesem Package zur Verfügung stehenden Befehle angezeigt.

```
completesquare(q=0,x);
```
In der wiedergegebenen Gleichung wird die linke Seite mit der quadratischen Ergänzung dargestellt.

Bilden Sie nun die quadratische Ergänzung in x.

```
isolate(",x-5/6);
```
Wie Sie sehen, wird auf der linken Seite der Gleichung $x - \frac{5}{6}$ isoliert. Die rechte Seite könnte jedoch schöner dargestellt werden.

Sie können verschiedene Teile einer Gleichung isolieren.

```
convert(",radical);
```
Ihr Bildschirm sollte nun etwa so aussehen:

Sie können sich die Ergebnisse in einer übersichtlicheren Form anzeigen lassen.

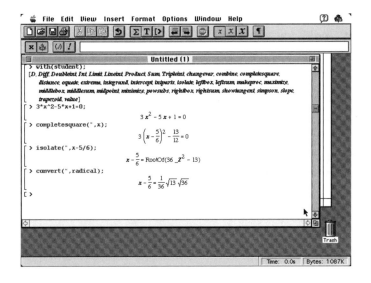

Nun können Sie weiter über die Ausgabe nachdenken.

```
simplify(");
```
Die Resultate sind jetzt viel übersichtlicher.

Vereinfachen Sie den Ausdruck.

```
isolate(",x);
```
Die schrittweise Methode ist pädagogisch vorteilhafter, erfordert von Ihnen jedoch auch ein Mitdenken, falls eventuelle fehlende Details ergänzt werden müssen. Im vorliegenden Fall liefert der Befehl **isolate** beim Wurzelziehen offensichtlich nicht die positiven und negativen Werte.

Kommen wir nun zum Endergebnis.

```
solve(x^2+1=0);
```
Die komplexe Zahl i wird als I oder **i** dargestellt.

Manche Gleichungen haben komplexe Lösungen.

Sie können die Lösungen von Gleichungen bestimmen, auch wenn diese Lösungen kompliziertere komplexe Ausdrücke sind.

```
q:=q+6;
solve(q=0);
```
Untersuchen Sie die Lösungen sorgfältig auf i's.

Auch hier können Sie sich die Lösungen in Dezimalform anzeigen lassen.

```
fsolve(q=0);
```
Der Befehl **fsolve** bestimmt nur reelle Lösungen.

Die exakten Lösungen können mit Dezimalzahlen angenähert werden.

```
solve(q=0);
```
Damit werden die gleichen zwei exakten komplexen Lösungen wie zuvor angegeben.

Diese Lösungsfolge können Sie einer Variablen zuweisen.

```
s:=";
```
" stellt das zuletzt berechnete Ergebnis dar.

Die Variable s ist eine aus zwei Elementen bestehende Folge. Sie können auf jede Lösung separat zugreifen.

```
evalf(s[1]);
```
Beachten Sie, daß 1 in eckigen Klammern steht. Der Befehl **evalf** liefert die Gleitkommanäherung der ersten Lösung in der Folge.

Ebenso können Sie auf die zweite Lösung zugreifen.

```
evalf(s[2]);
```
Die Variable s enthält die Lösungsfolge. In Maple wird das zweite Element dieser Folge mit **s[2]** bezeichnet. Dazu sind eckige Klammern erforderlich.

Sie können Polynomgleichungen höheren Grades als 2 lösen. Weisen Sie den Polynomausdruck dafür zuerst einer Variablen zu.

```
q:=6*x^4-35*x^3+22*x^2+17*x-10;
```
Das ist $6x^4 - 35x^3 + 22x^2 + 17x - 10$.

Nun können Sie die Gleichung $q = 0$ lösen.

```
solve(q=0);
```
Wie Sie wissen, hat ein Polynom vierten Grades höchstens vier Lösungen. Diese Gleichung besitzt somit vier rationale Lösungen.

Eine geringfügig unterschiedliche Gleichung ($q = 1$) kann zu einem völlig anderen Ergebnis führen.

```
solve(q=1);
```
Maple liefert die Lösungen als **RootOf(6_Z^4-35_Z^3+22_Z^2+17_Z-11)**. Das ist keine sehr nützliche Lösungsdarstellung, da diese nur angibt, daß die Lösungen der Gleichung die Wurzeln eines Polynoms, nämlich von $6Z^4 - 35Z^3 + 22Z^2 + 17Z - 11$ (des ursprünglichen

Polynoms) sind. Lassen Sie sich von solchen Ergebnissen nicht verwirren, denn Sie werden bald viele Möglichkeiten kennenlernen, solche Situationen zu handhaben.

```
allvalues(");
```
Die Lösungen sind offensichtlich sehr kompliziert. Wie Sie sehen können, kommen in den angegebenen Lösungen Zahlen mit einem vorangestellten Prozentzeichen, wie z.B. %2, vor. Bei solch komplizierten Lösungen wie hier, verwendet Maple solche Zahlen zur Darstellung von Ausdrücken. Die Werte der mit einem Prozentzeichen versehenen Ausdrücke werden nach den Lösungen angegeben.

Sie können sich die tatsächlichen Wurzeln von Polynomen kleineren Grades als 5 anzeigen lassen.

```
plot(q-1,x=-1..2);
```
Die Stellen, an denen der Graph die x-Achse schneidet, sind die Lösungen der Gleichung $q - 1 = 0$. Die graphische Darstellung zeigt drei der vier reellen Lösungen. Dies scheint den Lösungen zu entsprechen, die Sie mit `fsolve` erhalten haben. Um den Ausdruck weiter zu untersuchen, können Sie den Graphen anpassen. Auch hier verwenden Sie wiederum mächtigen Möglichkeiten von Maple, um Ihre mit Maple erhaltenen Ergebnisse zu überprüfen.

Mit `plot` *können Sie den Ausdruck $q - 1$ graphisch darstellen, um den Widerspruch bei diesen Ergebnissen zu beseitigen.*

Andere Gleichungstypen

```
p:=cos(x)-sin(x);
```
Beachten Sie, daß für die trigonometrischen Funktionen Klammern erforderlich sind.

Sie können viele trigonometrische Gleichungen lösen.

```
solve(p=0);
```
Wie Sie vielleicht wissen, haben trigonometrische Funktionen oft unendlich viele Lösungen. Auf dem Bildschirm wird $\frac{1}{4}\pi$ oder $\frac{\pi}{4}$ angezeigt, was nicht die einzige Lösung sein muß. Der Befehl `solve` liefert für nichtpolynomiale Gleichungen gewöhnlich auch dann eine einzelne Lösung, wenn es viele Lösungen gibt.

Nun können Sie die Gleichung $p = 0$ oder auch $\cos(x) - \sin(x) = 0$ lösen.

```
plot(p,x=0..2*Pi);
```
Das Symbol π wird als Pi mit einem großen P dargestellt. Achten Sie darauf, daß es mehr als eine Lösung gibt.

Um die vollständige Lösungsmenge zu bestimmen, ist oft eine graphische Darstellung des Ausdrucks hilfreich.

```
fsolve(p=0,x,1.5..4);
```
Beachten Sie das Komma nach `x`. `1.5..4` gibt an, in welchem Intervall `fsolve` nach einer Lösung sucht. Das Ergebnis sollte ein Vielfaches von π sein.

Mit `fsolve` *können Sie weitere Lösungen bestimmen.*

Welches Vielfaches von π ist es?

```
evalf("/Pi);
```
Die Lösung ist somit ungefähr $\frac{5\pi}{4}$, dies hat den Abstand π von der vorigen Lösung. Können Sie mit dieser Information die Lösungsmenge als Menge angeben?

Sie können auch logarithmische Gleichungen lösen.

```
solve(ln(x)+ln(x+1)=ln(2));
```
$\ln(x)$ ist der natürliche Logarithmus von x. $\ln(2)$ ist somit $\log_e(2)$ und das ist ungefähr 0.693172. Als Lösung der Gleichung wird 1 angegeben. Mit Hilfe der üblichen Umrechnungsformel können Sie Logarithmen zu anderen Basen als e eingeben. Zum Beispiel:

$$\log_{10}(x) = \frac{\ln(x)}{\ln(10)}$$

Sie können Exponentialgleichungen leicht eingeben und lösen.

```
solve(2^x=5);
```
Die exakte Lösung wird unter Verwendung des natürlichen Logarithmus angezeigt. Mit **evalf** können Sie eine Dezimalnäherung der Lösung erhalten.

Verwenden Sie **fsolve**, *um eine Näherungslösung für diese Gleichung zu erhalten.*

```
fsolve(2^x=5);
```
Die Lösung unterscheidet sich von der, die Sie mit **evalf** erhalten haben. Maple verwendet für die Bestimmung dieses Näherungsergebnisses zwei verschiedene Methoden. Die Resultate unterscheiden sich an zehnter Stelle. Wenn Sie *Digits* einen größeren ganzzahligen Wert zuweisen, können Sie noch bessere Näherungen erzielen.

Ungleichungen

Sie können Ungleichungen lösen.

```
solve(x^2-5*x<0);
```
Die Lösungsmenge für diese Ungleichung ist das Intervall $(0, 5)$ oder die Menge $\{x \mid 0<x<5\}$. Die Lösung wird von Maple so dargestellt: **RealRange(Open(0), Open(5))**. Diese Ausgabeform sollten Sie sich merken, da Maple mit dieser Schreibweise den Durchschnitt zweier Mengen angibt.

Zur Darstellung der Vereinigungsmenge verwendet Maple eine ähnliche Form.

```
solve(x^2-5*x>=0);
```
Beachten Sie, wie das Symbol $\geq$ in Maple eingegeben wird. Maple zeigt an: **RealRange(-∞,0)**, **RealRange(5,∞)**. Die dargestellte Lösung verwendet **RealRange** zweimal, um die Vereinigung zweier Mengen anzugeben. Beim Lösen von Ungleichungen müssen Sie sorgfältig auf solche Unterschiede in der Schreibweise achten. Wie Sie sehen, schließt Maple auch die Endpunkte 0 und 5 nicht mit ein, obwohl die Ungleichung $\leq$ lautet. Solche Einschränkungen müssen Sie wie üblich berücksichtigen.

```
solve({x+y=5,x-y=2},{x,y});
```
Hier wird von Maple ein Gleichungssystem (in der ersten Klammer)

$$x + y = 5$$
$$x - y = 2$$

für eine Menge von Variablen (in der zweiten Klammer) gelöst. Die Lösungsmenge enthält einen x- und einen y-Wert.

Sie können auch Gleichungssysteme lösen.

```
subs({y=3/2,x=7/2},x+y=5);
```
Hier werden die Werte von x und y in x+y=5 eingesetzt. Die Ausgabe 5=5 besagt, daß der Punkt $(7/2, 3/2)$ die erste Gleichung erfüllt. Kontrollieren Sie, daß dieser Punkt ebenso die zweite Gleichung erfüllt.

Kontrollieren Sie Ihre Ergebnisse mit **subs**.

```
plot({5-x,x-2},x=-4..4);
```
Achten Sie darauf, daß Sie für die graphische Darstellung die Gleichung $x + y = 5$ als $y = 5 - x$ und $x - y = 2$ als $y = x - 2$ schreiben müssen. Wollen Sie eine aus mehreren Funktionen bestehende Menge auf derselben Achse darstellen, so sind die geschweiften Klammern notwendig.

Sie können die Lösung des Gleichungssystems graphisch überprüfen.

```
solve({x+y=5.,x-y=2},{x,y});
```
Achten Sie in der ersten geschweiften Klammer auf den Dezimalpunkt nach der 5. Maple benutzt eine numerische Methode, die immer dann Näherungslösungen liefert, wenn im Gleichungssystem eine Zahl im Gleitkommaformat angegeben wird. In diesem Fall besitzen die Näherungen den gleichen Wert, wie die zuvor angegebenen exakten rationalen Lösungen.

Eine geringfügige Änderung der Gleichungen führt zu einem anderen Ergebnis.

Der Befehl Assume   Mit dem Befehl **assume** können Sie Bedingungen für die Variablen festlegen. Ist beispielsweise x positiv, dann hat die Gleichung $x^2 = 4$ nur eine Lösung: $x = 2$.

```
solve(sqrt(x^2)=2);
```
Die Lösung dieser Gleichung besteht aus den zwei Zahlen -2 und 2. Diese Werte werden angegeben.

Lösen Sie nun eine Gleichung mit Quadratwurzeln.

```
assume(x>0);
```
Mit diesem Befehl wird Maple angewiesen, daß x positiv ist. Sie könnten Maple ebenso angeben, daß x reell oder negativ ist.

Spezifizieren Sie x ausdrücklich als positiv.

```
solve(sqrt(x^2)=2);
```
Nun wird 2 angezeigt, da dies der einzige positive x-Wert ist, für den die Gleichung erfüllt wird.

Lösen Sie die Gleichung erneut.

Sie können die Zuweisung für x rückgängig machen.

```
x:='x';
```
Dieser Befehl stellt x wieder als eine Variable ohne zugewiesenen Wert oder Beschränkungen her. Wie Sie bereits früher gesehen haben, ist es eine gute Gewohnheit, die mit `assume` angewiesenen Beschränkungen für eine Variable wieder rückgängig zu machen.

Übungen

Untersuchen Sie die folgenden Polynome mit den Befehlen `factor`, `solve`, `fsolve`, `evalf` und `plot`:

1. $x^4 - x^3 - 5x^2 + 12$

2. $2x^3 - 13x^2 - 4x + 60$

3. $8x^2 + 2x^3 - x^4$

4. $2x^4 - 5x^3 + 10x - 12$

5. $x^5 - x^4 - 15x^3 + x^2 + 38x + 24$

6. $x^5 - x^4 - 15x^3 + x^2 + 38x + 10$

2.2   Rationale Ausdrücke

Sie können einer Variablen einen rationalen Ausdruck zuweisen.

```
r:=1/(x+1)-1/(x-1);
```
Da Sie keine horizontalen Bruchstriche eingeben können, müssen Sie Zähler und Nenner sorgfältig und eindeutig mit Klammern darstellen. Glücklicherweise gibt Maple diesen rationalen Ausdruck mit dem üblichen Bruchstrich wieder.

Diesen Ausdruck können Sie vereinfachen.

```
simplify(r);
```
Ihr Bildschirm sollte nun etwa so aussehen:

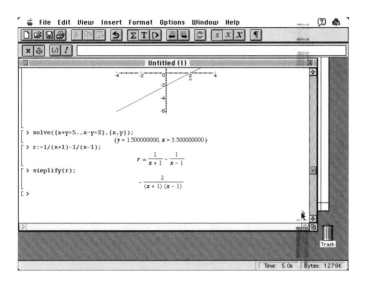

Maple addiert die zwei rationalen Ausdrücke und gibt das Ergebnis
mit einem Bruchstrich an.

```
denom(");
```
Der Nenner wird, wie zuvor, in Faktoren zerlegt angezeigt. Mit dem
Befehl **expand** können Sie ihn als Polynom in Standardform darstel-
len.

Ziehen Sie mit **denom** *den Nenner aus diesem Ausdruck heraus.*

```
numer("");
```
Die zwei Anführungszeichen beziehen sich auf die vorletzte Ausgabe.
−2 ist der Zähler dieses rationalen Ausdrucks.

Mit **numer** *können Sie den Zähler heraus-ziehen.*

```
plot(r,x=-10..10);
```
In Vorbereitungskursen für die Differential- und Integralrechung ha-
ben Sie gelernt, daß dieser Ausdruck Asymptoten besitzt. Die steilen
Linien bei −1 und 1, die wie Asymptoten aussehen, sind jedoch nur
Linien, die die Punkte auf dem Graphen miteinander verbinden.

Stellen Sie diesen Ausdruck mit **plot** *graphisch dar.*

```
plot(r,x=-10..10,style=point,symbol=POINT);
```
Die möglichen Symbole sind **BOX**, **CIRCLE**, **CROSS**, **DIAMOND** und **POINT**.
Die graphische Darstellung erfolgt nun ohne Verbindungslinien. Der
gezeichnete Graph besitzt keine offensichtlichen Asymptoten.

Zur graphischen Dar-stellung eines Aus-drucks können Sie Maple auch nur die berechneten Punkte zeichnen lassen.

```
plot(r,x=-10..10,style=point,symbol=CIRCLE);
```
Damit kann der Graph manchmal stärker hervorgehoben werden.

Sie können das Symbol zur graphischen Dar-stellung der Punkte verändern.

Bestimmen Sie mit **solve**, *wo sich die Asymptoten auf dem Graphen befinden.*

```
solve(denom(r));
```
Die zwei Lösungen geben die Lage der Asymptoten an. Sie können sie mit der graphischen Darstellung des Ausdrucks kontrollieren.

Stellen Sie den Ausdruck in einem horizontal kleineren Fenster, in dem die Asymptoten noch enthalten sind, graphisch dar.

```
plot(r,x=-2..2,y=-30..30,style=point,symbol=CIRCLE);
```
Die nun von Maple gezeigte graphische Darstellung spiegelt eher die bekannten Merkmale des Graphen des Ausdrucks wider.

Betrachten Sie einen anderen rationalen Ausdruck.

```
s:=(x^2+5*x+6)/(x^3+2*x^2-x-2);
```
Achten Sie auf die Klammern um Zähler und Nenner des Ausdrucks

$$\frac{x^2 + 5x + 6}{x^3 + 2x^2 - x - 2}.$$

Sie können sowohl den Zähler, als auch den Nenner dieses rationalen Ausdrucks faktorisieren.

```
factor(numer(s));
factor(denom(s));
```
Hier geben Sie zwei Anweisungen ein (drücken Sie jeweils nach jeder Anweisung Enter). Wie Sie sehen, können Zähler und Nenner faktorisiert werden. Achten Sie auf die Faktoren im Nenner.

Vereinfachen Sie den Ausdruck s.

```
simplify(s);
```
Zähler und Nenner wurden durch den gemeinsamen Faktor gekürzt und der Nenner anschließend erweitert. Diese Vereinfachung ist nur für $x \neq -2$ gültig.

Sie können diesen Ausdruck graphisch darstellen.

```
plot(s,x=-3..3,y=-30..30,style=point,symbol=CIRCLE);
```
Wie Sie sehen, gibt es bei $x = -2$ keine vertikale Asymptote, obwohl $x + 2$ ein Faktor des Nenners ist. Bei $x = -2$ erscheint keine vertikale Asymptote, da Zähler und Nenner durch diesen Faktor dividiert wurden. Der von Maple dargestellte Graph ist scheinbar bei $x = -2$ definiert. Das ist jedoch nicht korrekt, da der Nenner bei $x = -2$ Null ist. Maple vereinfacht einen Ausdruck, bevor dieser graphisch dargestellt wird. Dadurch können Informationen verlorengehen. In diesem Fall wird der Graph niemals anzeigen, daß die Funktion bei $x = -2$ nicht definiert ist. Verdeutlichen Sie sich stets die möglichen Widersprüche zwischen den graphischen Darstellungen von Maple (die einfach miteinander verbundene Punkte sind) und den tatsächlichen Graphen.

Übungen

Bestimmen Sie mit den Befehlen `factor` und `solve` Nullstellen und Asymptoten der folgenden rationalen Ausdrücke:

1. $\dfrac{2x - 3}{x^2 - 9}$

2. $\dfrac{2x + 3}{x - 1}$

3. $\dfrac{x^2 - 2x - 8}{x^2 - 2x}$

4. $\dfrac{x^2 + 3x - 10}{4x + 20}$

5. $\dfrac{x^2 - 1}{x + 2}$

6. $\dfrac{x^2 - 1}{x^3 - 1}$

7. $\dfrac{2x^2 - 3x - 2}{x^2 - 5x}$

8. $\dfrac{x^2 - 2x + 1}{x^4 - 1}$

9. $\dfrac{4x^3 - 5x^2 + 3x - 6}{2x^2 + 3x + 5}$

10. $\dfrac{2x^3 - 7x^2 + 7x - 2}{2x^2 + 5x - 3}$

2.3 Definition von Funktionen und Prozeduren

Funktionen einer Variablen

Mit Maple-Prozeduren können Sie Funktionen definieren. Eine Prozedur führt eine Aufgabe aus, die in einer Befehlsmenge beschrieben

wird. Eine Funktion ist eine Prozedur, die einen von dieser Befehlsmenge spezifizierten Wert liefert. Damit können Sie solche Funktionen wie

$$\begin{aligned}
f(x) &= x^2 + 3x - 5 \\
g(x) &= \cos(x) - x\ln(x) \\
h(x) &= \frac{\cos(x)}{x^2 + 3x - 21}
\end{aligned}$$

definieren.

Sie können die reell-
wertige Funktion f
definieren, deren Regel
$f(x) = x^2$ *ist.*

`f:=x->x^2;`
Geben Sie den Abbildungspfeil (`->`) ein, indem Sie das Minuszeichen
(`-`) und unmittelbar darauf das Symbol „größer als" (`>`) eintippen.
Die Funktion wird f genannt und bildet x auf x^2 ab. x^2 ist somit
die Funktionsregel. Diese Prozedur hat eine Variable x und eine Aufgabe (nämlich x zu quadrieren). Sie ist eine Funktion, da sie genau
einen Wert liefert. Wenn Sie die obige Zeile eingeben, gibt Maple die
Definition der Prozedur wieder.

Sie können Funktions-
werte für f erhalten.

`f(2);`
Dieser Befehl weist Maple an, den Funktionswert von f bei $x = 2$ zu
berechnen und anzuzeigen.

Sie können in einer
Funktionsberechnung
Variablennamen
verwenden.

`f(a+b);`
Der angegebene Wert ist der Wert von f bei $x = (a + b)$. Mit **expand**
können Sie sich diesen Funktionswert ohne Klammern anzeigen lassen.

Sie können in algebra-
ischen Ausdrücken auch
bereits definierte Funk-
tionen verwenden, wie
beispielsweise
$$\frac{f(x + h) - f(x)}{h}.$$

`(f(x+h)-f(x))/h;`
Da Sie diesen Ausdruck auf einer Zeile eingeben, müssen Sie den
gesamten Zähler in Klammern setzen.

Der angezeigte Wert
kann vereinfacht
werden.

`simplify(");`
Maple läßt Klammern weg, faßt ähnliche Terme zusammen und kürzt
Brüche soweit wie möglich. Wie Sie sehen ist der vereinfachte Aus-
druck für $h \neq 0$ gleich dem ursprünglichen Ausdruck.

```
piecewise(x>3,x^2,x-5);
```

Damit wird $f(x)$ als x^2 definiert, wenn der Definitionswert x größer als 3 ist. $f(x)$ ist jedoch $x-5$ für x kleiner oder gleich 3. Ihr Bildschirm sollte nun etwa so aussehen:

Betrachten Sie den Befehl piecewise *zur Definition der stückweisen Funktion*
$$f(x) = \begin{cases} x^2, & x > 3 \\ x-5, & x \leq 3 \end{cases}.$$

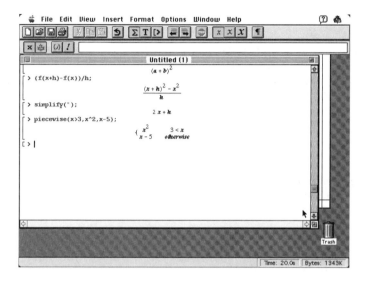

Dieser Ausdruck könnte eine Funktionsregel sein, er ist aber noch keine Funktion. Jedoch können Sie damit eine stückweise Funktion definieren.

```
f:=x->piecewise(x>3,x^2,x-5);
```

Die raffinierte, aufgeschlüsselte Schreibweise wird in diesem Fall nicht angegeben.

Definieren Sie die stückweise Funktion.

```
f(2);
f(5);
```

Denken Sie daran, nach jedem Semikolon Enter zu drücken. Kontrollieren Sie, daß die Funktion in jedem Fall die entsprechende Regel verwendet.

Auf Funktionswerte können Sie wie vorher gezeigt zugreifen.

```
plot(f);
```

Wenn eine Funktion als stückweise definiert ist, müssen die x Werte des Fensters nicht speziell angegeben werden. Gibt der Graph der Funktion deutlich beide Teile des Graphen wieder? Um eine genauere Funktionsdarstellung zu erhalten, sollten Sie diese Funktion nochmals unter Verwendung von **style** und **symbol** (CIRCLE) in **plot** darstellen. Bei manchen komplizierteren Funktionen müssen Sie eventuell geeignete Definitionsbereiche auswählen, um den Graphen deutlich sehen zu können.

Sie können diese Funktion mit plot *graphisch darstellen.*

Machen Sie die Definition von f rückgängig.

```
f:='f';
```
Dies entspricht in etwa dem Aufheben der Wertzuweisung einer Variable.

Funktionen mehrerer Variablen

Funktionen mehrerer Variablen treten in einem späteren Teil der Differential- und Integralrechnung auf. Sie werden in einer mathematischen Schreibweise, ähnlich der von Funktionen einer Variablen dargestellt. Ein Beispiel dafür ist

$$f(x, y) = x^2 + y^2 - 3.$$

Definieren Sie diese Funktion in Maple.

```
f:=(x,y)->x^2+y^2-3;
```
Jeder Definitionswert der Funktion ist hier ein geordnetes Zahlenpaar (in Klammern). Die Regel rechts vom Abbildungspfeil verwendet zwei Variablen.

Sie können die Werte für solche Funktionen bestimmen.

```
f(2,5);
```
Der Funktionswert für das Zahlenpaar $(2, 5)$ ist $2^2 + 5^2 - 3$. Der angezeigte Wert ist 26.

Solche Funktionen können dreidimensional gezeichnet werden.

```
plot3d(f,-2..2,-2..2);
```
Achten Sie auf die Zeichen **3d**, die an den Befehl **plot** angefügt werden. Dieser dreidimensionale Graph verwendet in der xy-Ebene sowohl x- als auch y-Werte von -2 bis 2. Zusätzliche Informationen über dreidimensionale Graphen finden Sie am Ende von Kapitel 3.

Automatisierung von Befehlen in Maple

Wir nehmen an, daß Sie öfters bestimmte Befehle oder Befehlsgruppen mit nur wenig veränderten Werten wiederholen wollen. Dazu verwenden Sie eine Schleife mit den Befehlen **for** und **do**.

Drucken Sie eine Wertetabelle.

```
for k from 1 to 3 do print(k,k^2); od;
```
Es werden drei Zahlenpaare ausgedruckt. Beachten Sie, daß der Index von 1 bis 3 mit der Schrittweite 1 weiterläuft. Der zu wiederholende Befehl ist eine **print** Anweisung und wird in das Paar **do/od** eingeschlossen.

```
for k from 1 to 3
    do
        print(k,k^2);
    od;
```

Geben Sie diese Zeile nochmals in einer übersichtlicheren, mehrzeiligen Form ein. Drücken Sie jeweils nach den ersten drei Zeilen gleichzeitig Shift und Enter, nach der letzten Zeile nur Enter.

Das Einrücken dieser Zeilen entspricht einem beim Programmieren häufig verwendeten Strukturformat. Mit Shift – Enter bewegen Sie den Cursor zur nächsten Zeile, ohne daß die aktuelle Zeile ausgeführt wird. Wenn Sie am Ende der letzten Zeile Enter drücken, werden alle Zeilen ausgeführt und dadurch drei Zahlenpaare auf dem Bildschirm ausgegeben.

```
for k from 1 by .5 to 3
    do
        print(k,k^2);
    od;
```

Verändern Sie die Schleife für eine Schrittweite von 0.5.

Um diese Prozedur zu definieren, drücken Sie erneut jeweils nach allen Zeilen Shift – Enter bzw. nach der letzten Zeile nur Enter. Es werden nun fünf Wertepaare ausgedruckt, da die Schrittweite 0.5 beträgt. Verwenden Sie die Editiermöglichkeiten des Computers, anstatt das gesamte Programm neu einzugeben.

Eine Automatisierungsprozedur

Sie können diese Schleifenstruktur als Teil einer Prozedur verwenden. Solche Prozeduren werden oft Programme genannt.

```
maketable:=
  proc(n)
    for k from 1 by .5 to n
        do
            print(k,k^2);
        od;
  end;
```

Definieren Sie `maketable`.

Vergessen Sie nicht, beim Eingeben dieser Prozedur jeweils nach allen Zeilen Shift – Enter zu drücken, nach der letzten Zeile nur Enter. Die Prozedur `maketable` verwendet als Argument **n**. Definieren Sie diese Prozedur, indem Sie Enter drücken. Beachten Sie, daß diese Prozedur nur in kompakter Darstellung ausgegeben wird. Seien Sie nicht beunruhigt, falls eine Warnung erscheint.

```
maketable(5);
```

Verwenden wir nun diese Prozedur.

Wie zu erwarten, wird eine Tabelle der Quadrate ausgegeben.

Modifizieren Sie die zweite und dritte Zeile der Prozedurdefinition wie folgt:

Verallgemeinern Sie die Prozedur **maketable**.

```
maketable:=
    proc(n,increment)
        for k from 1 by increment to n
            do
                print(k,k^2);
            od;
    end;
```

Drücken Sie nach Eingabe aller Änderungen Enter, um die Prozedur zu definieren. Erneut wird eine kompakte Darstellung der Prozedur ausgegeben.

Verwenden wir nun diese neue Prozedur.

```
maketable(3,.2);
```
Werden die von Ihnen erwarteten Werte angezeigt? Die Schrittweite beträgt jetzt 0.2, das letzte Wertepaar 3, 9.

Automatisierte graphische Darstellung

Sie können eine Prozedur definieren, um mehrere verwandte Funktionen auf derselben Achse graphisch darzustellen.

Stellen Sie eine Menge von Polynomen graphisch dar.

```
polyplot:=
    proc(n)
        polys:=NULL;
        for k from 1 to n
            do
                polys:=polys,x^k;
            od;
        plot({polys},x=-10..10,y=-10..10);
    end;
```

Drücken Sie Enter, um die Prozedur zu definieren. Bei dieser Prozedur werden die Polynome in der **for/do** Schleife erzeugt. Der Befehl **plot** stellt diese Polynommenge ({**polys**}) auf der gleichen Achse graphisch dar.

Verwenden wir nun diese Prozedur.

```
polyplot(3);
```
Entspricht diese Ausgabe dem von Ihnen erwarteten Graphen? Die Gerade, die quadratische und die kubische Funktion werden auf der gleichen Achse graphisch dargestellt.

Mit zusätzlichen Argumenten können Sie diese Prozedur beliebig verallgemeinern. Beispielsweise können Definitions- und Wertebereiche im Graphen als Argumente auftreten.

Weitere Hinweise

Automatisierung von Befehlen

Mir den Befehlen `for` und `do` können Sie einen Prozeß beliebig oft wiederholen. Verwenden Sie beispielsweise folgende Anweisungen zur Darstellung von Zinsen und Kreditrückzahlungen. Die monatlichen Zahlungen für einen Kredit von $8,000 mit 12% betragen $210.67 für 48 Monate.

```
prin:=8000;
months:=48;
for k from 1 to months
    do
        intr:=prin*(12/1200);
        pay:=210.67-intr;
        prin:=prin-pay;
        print(intr,pay);
    od:
print('Principal remaining is',prin);
```

Sollen nur Zinsen und Kreditrückzahlungen ausgegeben werden, ist die Eingabe eines Doppelpunkts nach **od** erforderlich. Bei Eingabe eines Semikolons würde bei jedem Schleifendurchlauf jede Zuweisung angezeigt werden. Achten Sie auch darauf, daß die im letzten **print** Befehl angegebene Zeichenkette in halbe Anführungsstriche (') eingeschlossen ist. Um diese Befehlsmenge auszuführen, drücken Sie Enter. Der Cursor kann sich dabei an einer beliebigen Stelle im Programm befinden. Die Eingabe, Definition und Ausführung von Programmen erfolgt je nach Betriebssystem auf unterschiedliche Art und Weise. Einzelheiten hierzu finden Sie im Maple V Handbuch für Ihren Computer.

Es ist nicht schwierig, dieses Programm so zu verallgemeinern, daß die Eingabe von Kreditbetrag, Zinssatz, Anzahl der monatlichen Zahlungen und des zu zahlenden Monatsbetrages möglich ist. Dann können Sie sich die monatlichen Zinsen und die Kreditrückzahlungen für den gewählten Zeitraum, sowie die Restschuld nach den monatlichen Zahlungen anzeigen lassen.

```
payment:=
  proc(p,rate,m,mopay)
    prin:=p;
    months:=m;
    for k from 1 to months
        do
            intr:=prin*(rate/1200);
            pay:=mopay-intr;
            prin:=prin-pay;
            print(intr,pay);
        od:
    print('Principal remaining is',prin);
  end;
```

Haben Sie dieses Programm einmal eingegeben, können Sie es beliebig mit verschiedenen Werten durchlaufen lassen. Um beispielsweise die gleichen Ergebnisse wie beim vorigen Programm zu erhalten, würden Sie eingeben:

```
payment(8000,12,48,210.67);
```

Übungen

1. Geben Sie die Funktion $f(x) = \dfrac{x^2}{x^2 + 2}$ ein und stellen Sie sie graphisch dar.

2. Geben Sie die Funktion zweier Variablen $f(x,y) = x^2 + y^2$ ein und bestimmen Sie die Funktionswerte an den Punkten $(3, -2)$ und $(\sin(2), \cos(2))$.

3. Geben Sie die Funktion $f(x) = \text{sign}[\cos(x)]$ ein. Stellen Sie die Funktion graphisch dar. Welcher Funktionswert tritt am häufigsten auf?

4. Geben Sie die Funktion $f(x) = \dfrac{x^2 - 3x + 5}{\sin(x) + 1}$ ein. Verwenden Sie Maple um zu bestimmen, ob diese Funktion an der Stelle $-\frac{11}{2}\pi$ definiert ist.

5. Entwickeln Sie eine Funktion für die Länge des Geradenabschnittes zwischen zwei Punkten (a, b) und (c, d) und stellen Sie diese graphisch dar. Bestimmen Sie mit Hilfe dieser Funktion die Länge des Geradenabschnittes zwischen $(2, 5)$ und $(-3, 7)$ und zwischen einem beliebigen Punkt (r, s) und $(2, 3)$. (Vergessen Sie nicht, die Zuweisungen aller verwendeten Variablen wieder aufzuheben.)

2.4 Weitere Möglichkeiten der graphischen Darstellung

Der Befehl plot

Beim Befehl `plot` gibt es mehrere Optionen, um unterschiedliche Graphentypen erzeugen zu können.

```
plot({x^2,2*x+5},x=-10..10);
```
Wenn Sie Teile dieser Graphen (Schnittstellen) genauer untersuchen möchten, so können Sie das x-Intervall durch passende x-Werte abändern.

Erinnern Sie sich daran, daß Sie mit Maple auf der gleichen Achse zwei oder mehr Funktionen graphisch darstellen können.

Parameterdarstellung

Sie können in Parameterform beschriebene Kurven graphisch darstellen. Die zwei Gleichungen

$$x(t) = t - 1 \qquad \text{und} \qquad y(t) = t^2$$

liefern beispielsweise, basierend auf einem Parameter (Scheinvariable) t, die x- und y-Koordinaten einer parabolischen Kurve. Wenn Sie diese zwei Funktionalgleichungen für y nach x auflösen, indem Sie den Parameter t eliminieren, dann erhalten Sie $y = (x + 1)^2$, die Gleichung einer Parabel.

```
plot([t-1,t^2,t=-2..2]);
```
Achten Sie auf die eckigen Klammern ([ ]), die die zwei Funktionsregeln und den Definitionsbereich für den Parameter t einschließen.

Verwenden Sie den Befehl plot mit speziellen Gruppierungssymbolen [ ], um die soeben definierte Parameterkurve graphisch darzustellen.

Richten Sie den Graphen in gewohnter Art und Weise durch Angabe der horizontalen und vertikalen Achse aus.

```
plot([t-1,t^2,t=-2..2],-5..5,-2..10);
```
Die Kurve erscheint auf der horizontalen Achse weiterhin zwischen -3 und 1, da die Parameterregel $t-1$ (die erste Koordinate) als Definitionsbereich $[-2,2]$ hat. Die Achsenwerte liegen jedoch horizontal zwischen $[-5,5]$ und vertikal zwischen $[-2,10]$. Die Funktionsregeln und der Definitionsbereich für den Parameter t erscheinen zusammen innerhalb der eckigen Klammern, gefolgt von der horizontalen und der vertikalen Spezifizierung für den Graphen. x und y werden an den Achsen nicht ausgegeben, da die Achsenbezeichnung auch bei Definitions- und Wertebereich nicht angegeben wurde.

Mit diesem Parameteransatz können Sie kompliziertere Kurven graphisch darstellen.

```
plot([t-sin(t),1-cos(t),t=0..2*Pi]);
```
Die Parameterfunktionen sind $x(t) = t - \sin(t)$ und $y(t) = 1 - \cos(t)$. Der Definitionsbereich des Parameters t ist $[0, 2\pi]$. Diese Kurve wird eine Zykloide genannt und sie kann in Parameterform leicht beschrieben werden. Als Standardfunktion ist ihre Beschreibung jedoch sehr kompliziert.

Trigonometrische Form

Mit der parametrischen graphischen Darstellung können Sie Funktionen in Polarkoordinaten zeichnen.

```
plot([sin(t),t,t=0..Pi],coords=polar);
```
Damit wird die in Polarkoordinaten gegebene Funktion $r = \sin(t)$ graphisch dargestellt. Diese Funktion beschreibt einen Kreis.

Manche Kurven können mit Polarkoordinaten leichter beschrieben werden.

```
plot([1+cos(t),t,t=0..2*Pi],coords=polar);
```
Dieser Graph wird eine Kardioide genannt, da er eine Herzform hat. Es ist der Graph von $r = 1 + \cos(t)$.

Implizite graphische Darstellung

Sie können eine Gleichung zweier Variablen graphisch darstellen, ohne sie nach einer Variablen aufzulösen. Den Einheitskreis $x^2 + y^2 = 1$ können Sie beispielsweise zeichnen, indem Sie die zwei Funktionen $y = \pm\sqrt{1 - x^2}$ ausgeben. Wie auch immer, Maple verwendet einfach den Befehl `implicitplot`, um die Gleichung graphisch darzustellen.

Zeichnen wir nun den Einheitskreis.

```
with(plots);
implicitplot(x^2+y^2=1,x=-1..1,y=-1..1);
```
Dieser Befehl zeichnet den Ausdruck $x^2 + y^2 = 1$, indem im Graphik-Fenster horizontal von -1 bis 1 und vertikal von -1 bis 1 ein 25×25

großes Raster eingezeichnet wird. Jeder Punkt wird danach untersucht, ob er die Gleichung annähernd erfüllt. Ist dies der Fall, wird der Punkt gezeichnet. Sie können die für den Befehl `implicitplot` zur Verfügung stehenden Optionen dazu nutzen, die Anzahl der im Raster verwendeten Punkte zu spezifizieren. Über Einzelheiten hierzu und andere Optionen, lesen sie bitte in der Maple Online-Hilfe nach.

Animation

Die Familie der Funktionen $f(x) = ax^2$ bildet eine Menge von Parabeln. Sie können die Auswirkung des Parameters a anzeigen, indem Sie mit dem Befehl **animate** eine Folge von ausgewählten Mitgliedern der Familie darstellen.

```
animate(a*x^2,x=-2..2,a=-5..5);
```

Beginnen wir nun den Animationsprozeß für diese Funktionsfamilie.

Der dargestellte Graph ist die Funktion $f(x) = -5x^2$, der erste in einer Folge von 16 Funktionsgraphen basierend auf a. Das Intervall der x-Werte im Graphik-Fenster beträgt $[-2, 2]$. Die a-Werte laufen in Intervallen von $\frac{10}{16}$ von -5 bis 5, da es 16 Werte von a in einem Intervall der Länge 10 gibt.

Klicken Sie an den Graphen und anschließend auf den zweiten Button in der neu erschienenen Zeile mit Icons.

Starten Sie die Animation.

Wenn Sie an den Graphen klicken, dann erscheint oben auf dem Bildschirm eine neue Zeile von Icons. Diese Buttons kontrollieren die Animation des Graphen. Dies wird verständlicher, wenn Sie einmal auf jeden Button klicken, um dessen Wirkung zu sehen. Die 16 Graphen werden nacheinander angezeigt und lassen so eine Bewegung entstehen.

```
animate([k+5*cos(t),t,t=0..2*Pi],k=-9..-2,coords=polar);
```

Sie können kompliziertere Animationen erzeugen.

Der angezeigte Graph ist ein Polarkoordinatengraph der Kardioide $r = -9 + 5\cos(t)$. Es gibt wiederum 16 auf t basierende Graphen, die nacheinander dargestellt werden können. Starten Sie die Animation, indem Sie an den Graphen und dann auf den zweiten Button klicken.

2.5   Zusammenfassung

In diesem Abschnitt werden Sie Kombinationen von Maple-Befehlen, die Sie bereits gelernt haben, zur Untersuchung von Polynomen und rationalen Funktionen verwenden.

Eine rationale Funktion mit Asymptoten

Die Graphen rationaler Funktionen können interessante Merkmale, wie horizontale, vertikale und schiefe Asymptoten, besitzen. Sie können diese Asymptoten untersuchen, indem Sie die Nullstellen des Nenners und das Verhalten der Funktionen betrachten, wenn sich die Variable $\pm\infty$ nähert. Untersuchen Sie die folgende rationale Funktion:

$$f(x) = \frac{3x^3 - x^2 - 3x + 5}{x^2 - 2x - 1}$$

Definieren Sie zuerst die Funktion.

```
f:=x->(3*x^3-x^2-3*x+5)/(x^2-2*x-1);
```
Achten Sie auf die Klammern um Zähler und Nenner.

Um sich einen Überblick über das Verhalten der Funktion zu verschaffen, können Sie die Funktion graphisch darstellen.

```
plot(f);
```
Beachten Sie, daß Sie für eine derart definierte Funktion die x-Werte für den Graphen nicht spezifizieren müssen. Wenn Sie den Graphen betrachten, so scheint es eine Nullstelle und zwei vertikale Asymptoten zu geben.

Schränken Sie den Definitionsbereich ein, um genauere Informationen über den Graphen zu erhalten.

```
plot(f,-2..5);
```
Auch dieser Graph scheint noch nicht sehr informativ zu sein.

Sie können ebenso den Wertebereich verändern.

```
plot(f,-2..5,-50..50);
```
Das Verhalten der Funktion zwischen den Asymptoten wird nun deutlicher. Die scheinbar vertikalen Linien sind, wie Sie sich erinnern werden, untereinander verbundene, berechnete Punkte. Es sind keine wirklichen Asymptoten. Überprüfen Sie dies eventuell mit **style=POINT**.

Bestimmen Sie die exakte Lage der vertikalen Asymptoten.

```
solve(denom(f(x))=0);
```
Die vertikalen Asymptoten können nur an den Nullstellen des Nenners liegen. Die angezeigten Werte sind exakt, aber wie würden Sie sie auf der x-Achse darstellen?

Sie können für diese zwei Werte Gleitkommanäherungen bestimmen.

```
fsolve(denom(f(x))=0);
```
Obwohl exakte Werte manchmal nützlich sind, finden auch Näherungswerte ihre Verwendung.

```
quo(numer(f(x)),denom(f(x)),x);
```
Überprüfen Sie die korrekte Klammersetzung. Der Befehl quo liefert den Polynomteil des Quotienten. Dieser Partialbruch ist eine Geradengleichung.

Wie Sie vielleicht bemerkt haben, scheint der Funktionsgraph eine von den Asymptoten wegführende Gerade zu sein.

```
plot({3*x+5,f(x)},x=-10..10,y=-50..50);
```
Denken Sie daran, daß es je nach Computer eine Weile dauern kann, bis die Graphik erscheint. Liegt der Funktionsgraph nahe der von den Asymptoten wegführenden Geraden? Beachten Sie, daß der Funktionsgraph die schiefe Asymptote schneidet. Sie können den Graphen links von -5 auch genauer untersuchen, indem Sie die x und y Werte weiter anpassen. Versuchen Sie es z.B. mit $x = -20..0$, $y = -20..10$.

Sie können überprüfen, daß dies eine schiefe Asymptote ist.

```
solve(f(x)=0);
```
Wieder einmal ist es schwierig, die möglichen x-Werte anzugeben, aber bei sorgfältigem Betrachten erkennen Sie, daß zwei dieser Werte komplex sind.

Sie können auch die Schnittpunkte mit den x- und y-Achsen lokalisieren.

```
fsolve(f(x)=0);
```
Beachten Sie, daß sich dieser Punkt links von beiden Asymptoten befindet.

Sie können eine Näherung der reellen Wurzel bestimmen.

```
f(0);
```
Für $x = 0$ erhalten Sie den Wert des Schnittpunktes mit der y-Achse. Im diesem Fall können Sie die Berechnung einfach im Kopf ausführen.

Der Schnittpunkt mit der y-Achse läßt sich leicht bestimmen.

```
fsolve(3*x+5=f(x));
```
Wir haben genauso gelacht. Glauben Sie diese Antwort? Können Sie dieses Resultat mit Papier und Bleistift überprüfen?

Bestimmen Sie den Schnittpunkt des Funktionsgraphen mit der schiefen Asymptote.

Wurzelbestimmung von Polynomen

Sie können die Fähigkeiten von Maple zur graphischen Darstellung, zur Faktorisierung und zum Lösen von Gleichungen dazu verwenden, die Wurzeln von Polynomen zu untersuchen.

```
p:=x->12*x^5+32*x^4-57*x^3-213*x^2-104*x+60;
```
Das ist $12x^5 + 32x^4 - 57x^3 - 213x^2 - 104x + 60$. Achten Sie wiederum auf das Sternchen für die Multiplikation zwischen Koeffizienten und Variablen.

Betrachten wir ein Polynom fünften Grades.

```
p(x);
```
Maple gibt diese Funktion in mathematischer Standardschreibweise wieder.

Sie können dieses Polynom darstellen.

Stellen Sie dieses Polynom graphisch dar.

```
plot(p);
```
Dieser Graph liefert über das Verhalten des Polynoms zwischen −5 und 5 nur wenige Einzelheiten. Jedoch scheint der Graph dieses Polynoms die x-Achse zwischen −5 und 5 zu schneiden.

Konzentrieren Sie sich auf ein kleineres Intervall.

```
plot(p,-5..5);
```
Bei diesem Graph sind ein paar mehr Einzelheiten erkennbar. An mehreren Stellen zwischen −5 und 5 könnte das Polynom Null sein. Was ist der größte Skalenstrich auf der y-Achse? Sie sollten auch die y-Werte beschränken, so daß weitere Details sichtbar werden.

Spezifizieren Sie die zweiten Koordinatenwerte, so wie Sie es zuvor gelernt haben.

```
plot(p,-5..5,-10..10);
```
Es scheint zwei Nullstellen rechts und mindestens eine Nullstelle links vom Koordinatenursprung zu geben. Die weitere Untersuchung wird ergeben, daß diese graphische Darstellung kein getreues Bild des Verhaltens der Funktion wiedergibt. Solche Graphiken können vorkommen, da Maple anfangs nur 50 Punkte zur graphischen Darstellung eines Ausdrucks verwendet.

Wählen Sie nun eine andere Menge von y-Werten, um das Verhalten des Polynoms weiter zu untersuchen.

```
plot(p,-5..5,-100..100);
```
Dieser Graph liefert mehr Informationen und scheint das vollständige Verhalten der Funktion zwischen −5 und 5 zu zeigen. Wie viele Nullstellen scheint es zu geben? Was ist der Grad des Polynoms?

Sie können den Funktionsgraphen links vom Koordinatenursprung vergrößern.

```
plot(p,-2.5..0,-10..10);
```
Hier zeigt sich deutlicher, daß der Graph die x-Achse bei $x = -2$ nur tangiert. Haben Sie eine Erklärung für dieses Verhalten?

Betrachten wir den Graphen rechts vom Koordinatenursprung.

```
plot(p,0..3);
```
Die Lage der ersten zwei Nullstellen rechts vom Koordinatenursprung kann nun leichter näherungsweise bestimmt werden.

Versuchen Sie, dieses Polynom zu faktorisieren.

```
factor(p(x));
```
Maple hat dieses Polynom vollständig faktorisiert. Wie viele Linearfaktoren gibt es? Können Sie die genauen Werte der rationalen Nullstellen des Polynoms bestimmen?

Berechnen Sie mit dem Befehl **solve** *die Nullstellen des Polynoms.*

```
solve(p(x)=0);
```
Beachten Sie, daß die Nullstellen in der gleichen Reihenfolge wie die Faktoren erscheinen. Wie oft tritt −2 auf? Wie oft erscheint der Faktor $(x + 2)$?

Mit dem **plot** Befehl haben Sie das Verhalten des Polynoms in einer Situation untersucht, bei der alle Nullstellen rational waren.

```
q:=x->x^5+4*x^2-3*x+5;
```
Geben Sie das Polynom sorgfältig ein.

Betrachten wir ein anderes Polynom.

```
plot(q);
```
Der Graph scheint genauso auszusehen, wie der zuvor gegebene erste Graph von p.

Stellen Sie das Polynom graphisch dar.

```
plot(q,-5..5);
```
Jetzt scheint das Polynom die x-Achse zwischen -5 und 5 einmal zu schneiden.

Stellen Sie das Polynom von -5 bis 5 graphisch dar.

```
plot(q,-5..5,-100..100);
```
Nun wird klar, daß das Polynom die x-Achse nur einmal schneidet.

Sie können ein besseres Bild des Graphen erzielen.

```
plot(q,-5..5,-10..10);
```
Der Graph wurde oberhalb der Geraden $y = 10$ abgeschnitten. Sie können jedoch das Verhalten des Polynoms in der Nähe seiner Nullstellen deutlicher erkennen.

Sie können einen noch detaillierteren Graphen erhalten.

```
factor(q(x));
```
Welche Überraschung! Maple kann dieses Polynom nicht in Faktoren zerlegen. Wie Sie wissen, muß das Polynom nach dem Fundamentalsatz der Algebra mindestens eine reelle Nullstelle besitzen. Folglich sollte es wenigstens einen linearen Faktor geben.

Faktorisieren wir das Polynom.

```
solve(q(x)=0);
```
RootOf desselben Polynoms in z gibt an, daß Maple keine exakte Lösung finden konnte.

Geben Sie nicht auf. Versuchen Sie es mit der **solve** *Anweisung.*

```
fsolve(q(x)=0);
```
Der Näherungswert wird angezeigt. Es ist ein negativer Wert, der mit der aus den Graphen ersichtlichen Information übereinstimmt. Sie könnten nun ohne weitere Untersuchungen schlußfolgern, daß die anderen Nullstellen komplex sind. Vielleicht möchten Sie die symbolische Form des Polynoms untersuchen, um sicherzugehen, daß es außerhalb des Intervalls $[-5, 5]$ keine weiteren reellen Nullstellen gibt.

Bleiben wir dran. Versuchen Sie es mit dem **fsolve** *Befehl.*

Mit den Maple-Befehlen **solve** oder **factor** können Sie die rationalen Nullstellen eines Polynoms bestimmen. Auch irrationale und komplexe Nullstellen werden manchmal von Maple gefunden. Bei Polynomen höheren Grades (5, 8, 10) kann sich die Untersuchung schwierig gestalten. Oft erweist es sich in solchen Situationen als sehr nützlich, das Polynom graphisch darzustellen.

Betrachten wir ein letztes Beispiel.

Geben Sie das Polynom ein.

`r:=x->2*x^5+11*x^4+2*x^3-51*x^2-14*x+60;`

Das ist $2x^5 + 11x^4 + 2x^3 - 51x^2 - 14x + 60$. Achten Sie auf eine sorgfältige Eingabe des Polynoms.

Sie können mit der Faktorisierung beginnen.

`factor(r(x));`

Maple zerlegt dieses Polynom in lineare und quadratische Faktoren mit ganzen Koeffizienten. Können Sie bestimmen, welcher Art die Nullstellen sind?

Verwenden Sie den Befehl solve.

`solve(r(x)=0);`

Es werden alle Nullstellen angezeigt. Wie passen sie mit den vorher angegebenen Faktoren zusammen?

Es könnte interessant sein, dieses Polynom graphisch darzustellen.

`plot(r,-5..5,-100..100);`

Liefert Ihnen dieser erste Graph Informationen, die mit den angezeigten Nullstellen übereinstimmen? Lassen Sie sich dieses Polynom für verschiedene x- und y-Werte graphisch darstellen.

Die Befehle **factor** und **solve** geben Ihnen vielleicht alle notwendigen Informationen. Falls nicht, untersuchen Sie das Polynom mit der **plot** Anweisung. Seien Sie bei der Anwendung dieser verschiedenen Möglichkeiten flexibel.

Übungen

Stellen Sie die folgenden Funktionen graphisch dar:

1. $x = \sin(t)$, $y = 2\cos(2t)$

2. $x = t^2$, $y = \cos(t)$

3. $x = t$, $y = t^2$

4. $r = 2\sin(3t)$

5. $r = 1 - 2\sin(t)$

6. $y = \cos(x)$

Stellen Sie die folgenden Funktionen graphisch dar, so daß auch ihre Nullstellen und horizontalen und vertikalen Asymptoten, falls vorhanden, erkennbar sind.

7. $f(x) = \dfrac{2x^4 - 2x^2 + x + 5}{x^2 - 3x - 5}$

8. $f(x) = \dfrac{2x^4 + 7x^3 + 7x^2 + 2x}{x^3 - x + 51}$

9. $g(x) = \dfrac{2x^3 + 3x^3 + x^2 + 2}{x^3 - x^2 + 21}$

10. $p(x) = x(x^2 - 3)(x^2 - 8)$

11. $r(x) = 999x^3 + 780x^2 - 5428x + 3696$

12. $g(x) = \dfrac{x^5 - x^4}{x^5 - 6x^4 + 5x^3 + 26x^2 - 48x + 18}$

2.6   Matrizen und Matrixbefehle

Die in diesem Abschnitt benötigten Maple-Operatoren sind im Package für lineare Algebra, `linalg`, enthalten. Wenn Sie Matrizen, lineare Abbildungen und die Lösung linearer Gleichungssysteme untersuchen wollen, so müssen Sie dieses Package zuerst laden.

`with(linalg);`
Die in Maple geladenen Anweisungen werden auf dem Bildschirm angezeigt.

Verwenden Sie den Befehl `with`*, um* `linalg` *zu laden.*

`A:=matrix(4,4,[[1,2,3,4],[2,3,0,-5],[2,-1,1,1],`
`  [-2,2,0,-5]]);`
Die Zeilen- und Spaltenanzahl der Matrix bilden die ersten zwei Argumente dieser Anweisung. Das dritte Argument ist eine Menge von Matrixelementen. Die in eckigen Klammern stehenden Zahlenmengen stellen die Zeilenelemente der Matrix dar. Somit besteht die erste Zeile aus den vier Elementen: $1, 2, 3, 4$ und die vierte der vier Zeilen aus $-2, 2, 0, -5$. Diese so eingeklammerten Elemente sind wiederum in eckige Klammern eingeschlossen. Ihr Bildschirm sollte etwa so aussehen:

Mit dem Befehl `matrix` *können Sie eine Matrix eingeben.*

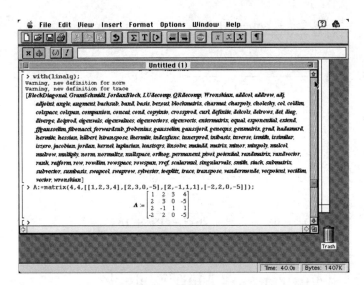

Sie können versuchen, die Matrix darzustellen.

`A;`

Wie Sie sehen, erscheint `A`. Es wird nur ihr Name und nicht die Datenstruktur der Matrix angezeigt.

Sie können sich jedoch auch die Matrixelemente anzeigen lassen.

`evalm(A);`

Wie Sie sehen, gibt dieser Befehl die Matrix im Standardformat mit Zeilen und Spalten wieder.

Addieren Sie zwei Matrizen.

`evalm(A+A);`

Hier addieren Sie die Matrix A mit sich selbst. Jedes Element der angezeigten Matrix ist das Doppelte des entsprechenden Matrixelements von A.

Sie können zwei Zeilen vertauschen.

`B:=swaprow(A,3,4);`

Vielleicht möchten Sie sich die Matrix A erneut anzeigen lassen, um sie mit B zu vergleichen. Beachten Sie, daß diese neue Matrix B zugewiesen wird. Der Befehl `swapcol` wird verwendet, um zwei Spalten miteinander zu vertauschen.

Sie können A und B addieren.

`evalm(A+B);`

Die letzten beiden Zeilen dieser Matrix sind identisch.

Sichern Sie diese Matrix für später.

`C:="";`

C ist eine 4×4 Matrix mit zwei identischen letzten Zeilen.

Sie können ein Vielfaches einer Zeile mit einer anderen addieren.

`addrow(C,1,2,m);`

Wie Sie sehen, wird die zweite Zeile durch das m-fache der Elemente der ersten Zeile plus den Elementen der zweiten Zeile ersetzt.

`inverse(A);`
Es werden die exakten Werte der inversen Matrix angezeigt.

Bestimmen Sie die Inverse von A.

`evalm(A&* ");`
Wie erwartet, wird eine 4×4 Einheitsmatrix, die in der Hauptdiagonalen nur Einsen enthält, wiedergegeben.

Sie können die Berechnung der inversen Matrix überprüfen.

`transpose(A);`
Zur Kontrolle des Ergebnisses können Sie sich *A* anzeigen lassen. Wie Sie sehen, sind aus den Zeilen von *A* die Spalten der transponierten Matrix geworden.

Maple kann Matrizen transponieren.

`det(A);`
Die Determinante ist ein Vielfaches der Nenner der Elemente der inversen Matrix.

Sie können leicht die Determinante einer Matrix bestimmen.

`evalm(C);`
`det(C);`
Wie schon vermutet ist die Determinante gleich 0. Was folgt daraus für die Inverse von *C*?

Die Determinante einer Matrix mit zwei identischen Zeilen ist natürlich gleich Null.

`inverse(C);`
Da die Matrix singulär ist, wird eine Fehlermeldung angezeigt.

Sie können versuchen, die Inverse von C zu bestimmen.

Übungen

1. Bestimmen Sie die Inverse, die Transponierte und die Determinante der folgenden Matrix:

$$\begin{bmatrix} 3 & 2 & 4 \\ 4 & -2 & 6 \\ 8 & 3 & 5 \end{bmatrix}.$$

2. Bestimmen Sie die Inverse, die Transponierte und die Determinante der folgenden Matrix:

$$\begin{bmatrix} 7 & -8 & 1 & 2 \\ 21 & 4 & 3 & -1 \\ -35 & 8 & 3 & -2 \\ 14 & 16 & 0 & 1 \end{bmatrix}.$$

3. Lösen Sie das folgende Gleichungssystem:

$$
\begin{aligned}
3w + x + 7y + 9z &= 4 \\
w + x + 4y + 4z &= 7 \\
w \phantom{{}+x} + 2y + 3z &= 0 \\
2w + x + 4y + 6z &= -6.
\end{aligned}
$$

4. Sei

$$
A = \begin{bmatrix} 1 & 3 & -2 \\ -4 & 1 & 5 \\ 2 & 3 & -1 \end{bmatrix}.
$$

Bestimmen Sie die Determinante und die Determinante der transponierten Matrix von A!

5. Bestimmen Sie die Determinante der Matrix

$$
A = \begin{bmatrix} 1 & 2 & 3 \\ 4 & 5 & 6 \\ 7 & 8 & 9 \end{bmatrix}.
$$

Verwenden Sie den Befehl `addrow` um A wie nachfolgend zu verändern: Ersetzen Sie zuerst die zweite Zeile durch -4mal die erste Zeile plus die zweite Zeile und dann die dritte Zeile durch -7mal die erste Zeile plus die dritte Zeile. Ersetzen Sie schließlich die dritte Zeile durch -2mal die dritte Zeile. Besteht die letzte Zeile der modifizierten Matrix aus lauter Nullen? Bestätigt diese Tatsache den Wert der Determinanten, die Sie mit dem Befehl `det` erhalten haben?

6. Bestimmen Sie die Transponierte sowohl von A, als auch von A^{-1}, mit

$$
A = \begin{bmatrix} 3 & 2 & -5 \\ -1 & 4 & 2 \\ 2 & -3 & 1 \end{bmatrix}.
$$

Wie lassen sie sich vergleichen?

Kapitel 3

Differential- und Integral-rechnung

3.1 Differential- und Integralrechnung I

Maple enthält viele Befehle und Operatoren, die in der Differential- und Integralrechnung Anwendung finden. Dazu gehören Anweisungen zur Differentiation, Integration und Grenzwertberechnung.

Grenzwerte von Funktionen

```
f:=x->(x^2-4)/(x-2);
limit(f(x),x=2);
```
Ihr Bildschirm sollte nun so aussehen:

Für eine definierte Funktion f können Sie den Grenzwert der Funktion bestimmen, wenn sich die Variable einer festen Zahl nähert.

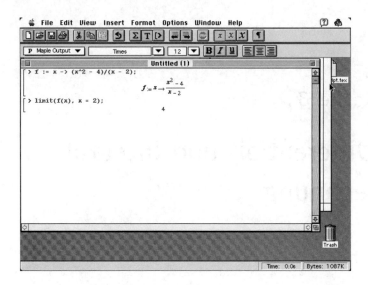

Hier handelt es sich um $\lim\limits_{x \to 2} f(x)$, wobei $f(x)$ als

$$\frac{x^2 - 4}{x - 2}$$

definiert ist. $x = 2$ ist der Wert, dem sich die Variable x nähert. Der angezeigte Wert ist der Grenzwert. Wie Sie erkennen können, ist diese Funktion bei $x = 2$ nicht definiert, wobei der Grenzwert dort jedoch existiert.

Stellen Sie die Funktion graphisch dar. So können Sie überprüfen, ob dieser Grenzwert korrekt ist.

`plot(f,-5..5);`
Der Graph scheint eine Gerade zu sein, obwohl er bekanntermaßen bei $x = 2$ nicht definiert ist. Können Sie einen genauen Graphen dieser Funktion für das Intervall $[1, 3]$ zeichnen? Ist der zuvor angezeigte Grenzwert korrekt?

Faktorisieren Sie die Funktion zur zusätzlichen Kontrolle.

`factor(f(x));`
Können Sie erklären, warum diese faktorisierte Form $f(x)$ nicht genau ersetzt? Betrachten Sie die Definition von f und achten Sie darauf, daß die Funktion für $x = 2$ nicht definiert ist. Ist auch die faktorisierte Darstellung für $x = 2$ nicht definiert?

Sie können die Grenzwerte komplizierterer Funktionen bestimmen.

`f:=x->(x-4)/(sqrt(x)-2);`
`limit(f(x),x=4);`
Die Funktion

$$f(x) = \frac{x - 4}{\sqrt{x} - 2}$$

ist für $x = 4$ nicht definiert. Ist der angezeigte Grenzwert korrekt?

```
plot(f,0..5);
```
Wiederum ist der Funktionsgraph leicht entstellt. Können Sie den korrekten Graphen der Funktion zeichnen? Ähnelt der Graph einer Geraden oder ist er eher gekrümmt (außer bei $x = 4$)?

Stellen Sie die Funktion graphisch dar, um die Antwort zu überprüfen.

Erinnern Sie sich daran, daß der **plot** Befehl in Maple nur eine endliche Anzahl von Punkten berechnet und diese dann mit einer glatten Kurve verbindet. Somit kann diese Anweisung den Funktionsgraphen an oder nahe den Unstetigkeitsstellen, wo die Funktion nicht definiert ist, inkorrekt darstellen.

```
g:=x->sqrt(x^2-4*x)-x;
limit(g(x),x=infinity);
```
Hier betrachten Sie $\lim\limits_{x\to\infty} g(x)$. Versuchen Sie, den Zähler mit

Sie können ebenso Grenzwerte im Unendlichen bestimmen.

$$\sqrt{x^2 - 4x} + x$$

rational zu machen, um das von Maple angegebene Resultat zu überprüfen.

```
plot(g,0..100);
```
Die Zahl 100 ist kein sehr großer x-Wert, aber der Graph kann Ihnen wenigstens ein Gefühl für das Verhalten der Funktion vermitteln.

*Untersuchen Sie das Verhalten der Funktion für große x-Werte mit Hilfe des **plot** Befehls.*

```
plot(g,100..1000);
```
Die Funktion scheint flacher zu werden. Welchem Wert nähert sich die Funktion für x-Werte nah bei 1000? Stimmt dies mit den von Maple angegebenen und von Ihnen berechneten Werten überein?

Sie können auch viel größere x-Werte verwenden, um weitere Informationen über die Funktion zu erhalten.

Grenzwerte stückweise definierter Funktionen Sie können stückweise definierte Funktionen an den Stellen untersuchen, an denen sich ihre Regel ändert. Verwenden Sie an diesen Punkten die Möglichkeiten von Maple zur Bestimmung links- und rechtsseitiger Grenzwerte.

```
f:=x->piecewise(x<=0,x-1,x^2);
simplify(f(x));
```
Zuerst wird die Definition wiederholt. Anschließend wird die stückweise Funktion symbolisch in der üblichen Schreibweise wiedergegeben, wobei angezeigt wird, an welchen Stellen Unstetigkeiten auftreten könnten.

Beginnen Sie damit, die Funktion
$$f(x) = \begin{cases} x - 1, & x < 0 \\ x^2, & x \geq 0. \end{cases}$$
zu definieren und zu vereinfachen.

Stellen Sie f graphisch dar.

```
plot(f,-2..2);
```
Die **plot** Anweisung verwendet ganz einfach den Funktionsnamen f. Die Unstetigkeit ist im Graphen deutlich bei $x = 0$ zu sehen. Können Sie den Graphen von f mit offenen und geschlossenen Punkten skizzieren, so daß das genaue Verhalten der Funktion bei $x = 0$ erkennbar ist?

Zur Bestimmung von $\lim\limits_{x \to 0^-} f(x)$ *und* $\lim\limits_{x \to 0^+} f(x)$ *können Sie einseitige Grenzwerte verwenden.*

```
limit(f(x),x=0,left);
limit(f(x),x=0,right);
limit(f(x),x=0);
```
Besitzt diese Funktion bei $x = 0$ einen Grenzwert?

Ableitungen von Funktionen

Maple kann die meisten elementaren Funktionen differenzieren.

Der Befehl zur Bildung der Ableitung ist **diff**.

```
diff(3*x^4-4*x^2-5,x);
```
Das angezeigte Ergebnis sollten Sie ohne Schwierigkeiten überprüfen können. Sie müssen angeben, daß Sie den Ausdruck, der eine Funktion definiert, nach x differenzieren.

Sie können stückweise definierte Funktionen differenzieren.

```
diff(f(x),x);
```
Die stückweise Funktion $f(x)$ wurde weiter oben definiert. Können Sie überprüfen, ob die angegebene Funktion die Ableitung von $f(x)$ ist?

Sie können Quotienten von Funktionen differenzieren.

```
diff((x+1)^2/(x^2+2*x)^2,x);
```
Die abzuleitende Funktion ist

$$\frac{(x + 1)^2}{(x^2 + 2x)^2}.$$

Sie können das Ergebnis vereinfachen.

Untersuchung einer Funktion mit plot und diff

Mit graphischen Darstellungen können Sie das Verhalten einer Funktion untersuchen. Die Informationen, die Sie aus den Funktionsgraphen in Verbindung mit den Nullstellen der ersten und zweiten Ableitungen ziehen, können Ihnen akkurate Näherungen der Maximal- und Minimalwerte, sowie der Wendepunkte liefern. Betrachten wir die Funktion

$$f(x) = \frac{x+2}{3+(x^2+1)^3}.$$

```
f:=(x+2)/(3+(x^2+1)^3);
```
Durch die Klammern in Zähler und Nenner kann Maple die Operationen in der beabsichtigten Reihenfolge durchführen. Mit Papier und Bleistift läßt sich diese Funktion schwer untersuchen.

Beginnen Sie damit, die Funktion als Ausdruck einzugeben.

```
plot(f,x=-5..5);
```
Achten Sie darauf, daß die Funktion in der Umgebung von −2 aufzutreten und in der Nähe von 2 zu verschwinden scheint und daß der Maximalwert kleiner als 1 ist.

Stellen Sie die Funktion graphisch dar.

```
plot(f,x=-5..5,y=-0.01..0.01);
```
Die y-Werte werden mit −0.01 und 0.01 angegeben, um eine eventuell auftretende Verwechslung zu vermeiden, die bei mehreren Punkten zwischen Zahlen auftreten könnte. Sie können nun sehen, daß der Graph die x-Achse in der Nähe von −2 schneidet. Kann es links dieses Minimalwertes einen Wendepunkt geben? Wenn sich Ihr Graph in einem extra Graphik-Fenster befindet, so klicken Sie lieber an das Maple Session-Fenster, anstatt das Graphik-Fenster zu schließen.

Stellen Sie die Funktion mit anderen x- und y-Werten erneut graphisch dar.

```
d:=diff(f,x);
simplify(d);
fsolve(numer("));
```
Diese drei Anweisungen liefern die erste Ableitung und die ungefähren Nullstellen für den Zähler von $f'(x)$. Dies sind natürlich die Nullstellen von $f'(x)$. Wenn Sie durch Klicken auf das letzte Graphik-Fenster auf den letzten Graph zurückgreifen, dann können Sie sehen, daß die negative Zahl die Position des Minimalwertes der Funktion ist. Falls Sie unter DOS arbeiten, müssen Sie die Pfeiltaste nach oben verwenden, um auf den letzten **plot** Befehl zurückzukommen, und den Graphen neu zeichnen.

Sie können bestimmen, wo Maximal- und Minimalwerte, sowie Wendepunkte auftreten, indem Sie die Ableitungen von $f(x)$ betrachten.

```
diff(d,x);
simplify(");
fsolve(numer("));
```
Der Ausdruck d ist die Regel für $f'(x)$. Somit repräsentiert der Ausdruck **diff(d,x)** die zweite Ableitung von $f(x)$. Lösen Sie wiederum den Zähler der zweiten Ableitung, um den von Maple zu leistenden Arbeitsaufwand zu reduzieren. Falls der Nenner reelle Nullstellen besitzt, kann dies zu Problemen führen.

Kommen wir nun zu den Wendepunkten.

Es wurden hier keine vertikalen Tangenten und Wendepunkte in Betracht gezogen, da der Graph diese nicht anzuzeigen scheint. Was würden Sie beachten um sicherzugehen, daß es keine vertikalen Tangenten gibt? Vielleicht möchten Sie auch etwas über horizontale und vertikale Asymptoten erfahren. Diese können Sie mit `limit` untersuchen.

Sie haben mit einer sehr komplizierten Funktion gearbeitet, die sich sehr nah an der x-Achse am interessantesten verhält. Dieses Verhalten läßt sich mit Papier und Bleistift nur sehr schwer untersuchen. Die Kombination von immer feiner werdenden Graphen und die Betrachtung der Ableitungen geben Ihnen die Möglichkeit, das Verhalten der Funktion richtig zu verstehen. Die analytischen Fähigkeiten, die Sie sich bei der Untersuchung solch schwerer Funktionen mit Maple aneignen können, werden für Sie bei späterem quantitativen Arbeiten von großem Nutzen sein.

Implizite Differentiation

Wenn die Beziehung zwischen zwei Variablen in Form einer Gleichung angegeben ist, können Sie nicht immer explizit eine Variable als Funktion der anderen darstellen. Sie können den Differenzenquotienten der einen Variablen bezüglich der anderen mit dem Maple-Befehl `implicitdiff` berechnen.

Sie können den Differenzenquotienten von y bezüglich x für den Einheitskreis bestimmen.

```
implicitdiff(x^2+y^2=1,y,x);
```
Die Gleichung für den Einheitskreis lautet $x^2 + y^2 = 1$ und bildet das erste Argument der Anweisung `implicitdiff`. Das zweite Argument y ist die abhängige Variable und das dritte Argument x die unabhängige Variable. Somit betrachten Sie y als Funktion von x. $\frac{dy}{dx}$ ist damit der Differenzenquotient von y bezüglich x und lautet $\frac{-x}{y}$. Die implizite Differentiation ist offensichtlich für kompliziertere Gleichungen sehr nützlich.

Integrale von Funktionen

Maple kann bestimmte und unbestimmte Integrale von Funktionen ermitteln. Ebenso besitzt Maple die Fähigkeit, bestimmte Integrale für Funktionen anzunähern, deren Stammfunktion nicht ermittelt werden kann.

```
int(3*x^4-2*x,x);
```
Wie bei der Differentation müssen Sie die Integrationsvariable angeben. Können Sie das angezeigte Ergebnis überprüfen? *Hinweis:* Erinnern Sie sich an den Befehl `diff`? Achten Sie darauf, daß hier eine bestimmte und nicht die allgemeine Stammfunktion angegeben wird. Die Integrationskonstante wird nicht angezeigt.

Integrale von Polynomen können leicht berechnet werden.

```
int(sec(x)^4,x);
```
Achten Sie darauf, wo der Exponent steht. Können Sie das Ergebnis überprüfen?

Maple kann trigonometrische Funktionen, wie zum Beispiel
$$f(x) = \sec^4(x),$$
integrieren.

```
int(x^3*ln(x),x);
```
Mit `diff(",x);` können Sie das Ergebnis überprüfen.

Maple kann partielle Integrationen durchführen.

```
int(x^2/sqrt(x^2-9),x);
```
Geben Sie diesen Ausdruck sorgfältig ein.

Sie können kompliziertere Integrale, wie zum Beispiel
$$\int \frac{x^2}{\sqrt{x^2 - 9}}\, dx$$
berechnen.

```
diff(",x);
```
Dies sieht nicht wie der ursprüngliche Integrand aus.

Sie können dieses Ergebnis kontrollieren.

```
simplify(");
```
Überprüfen Sie sorgfältig, ob dieses Ergebnis mit dem ursprünglichen Integranden übereinstimmt.

Sie können diesen Ausdruck auch vereinfachen.

```
int((x^2+2*x+1)/((x^2+1)^2*(x-2)),x);
```
Sie müssen natürlich sehr sorgfältig vorgehen, wenn Sie lange Ausdrücke auf einer Zeile eingeben. Denken Sie daran, daß Sie für die Überprüfung dieses Ergebnisses eventuell den Befehl `simplify` benötigen.

Schließlich können Sie Funktionen wie
$$\frac{x^2 + 2x + 1}{(x^2 + 1)^2(x - 2)}$$
integrieren.

Bestimmte Integrale von Funktionen einer Variablen

```
int(sin(x),x=0..Pi/2);
```
Achten Sie wiederum auf die zwei Punkte zwischen `0` und `Pi/2`. Das Ergebnis dieser Berechnung beträgt 1, somit ist der Graph eines Hügels der Sinusfunktion 2. Maple V kann, so wie hier, viele bestimmte Integrale exakt auswerten. Sie sollten sich jedoch darüber klar werden, daß nicht alle bestimmten Integrale mit Papier und Bleistift oder mit Hilfe eines Computerprogramms exakt bestimmbar sind.

Sie können auch den Wert bestimmter Integrale wie
$$\int_0^{\pi/2} \sin(x)\, dx$$
bestimmen.

Das student **Package**

Das mit Maple zur Verfügung stehende **student** Package für die Differential- und Integralrechnung ermöglicht es Ihnen, die Lösungen für bestimmte Probleme Schritt für Schritt, anstatt mit einem einzelnen Maple-Befehl, zu ermitteln. Dies erweist sich als äußerst nützlich, wenn Sie den Lösungsprozeß nachvollziehen oder einen tieferen Einblick in die Struktur eines Problems gewinnen möchten.

Beginnen Sie damit, das **student** *Package für die Differential- und Integralrechnung zu laden.*

```
with(student);
```
Damit stehen die Befehle dieses Packages zur Verfügung.

Betrachten wir ein unbestimmtes Integral, das mittels partieller Integration ermittelt werden kann.

```
Int(x*sin(x),x);
```
Das ist das Integral $\int x \sin(x)\, dx$. Der **Int** Operator mit einem großen I bildet das Integral, wertet es aber nicht aus.

Wenden Sie den Befehl für die partielle Integration an.

```
intparts(",x);
```
Die vorige Ausgabe (") wurde partiell integriert. Das **x** im Maple-Befehl gibt an, welchen Faktor im Integranden Sie differenzieren wollen. Wie Sie sehen, enthält das Ergebnis ein einfaches integrierbares Standardintegral.

Sie können kompliziertere Integrale untersuchen.

```
intparts(Int(x^2*exp(2*x),x),x^2);
```
Das ist das Integral $\int x^2 e^{2x}\, dx$. Das Ergebnis enthält ein Integral, welches einfacher als das ursprüngliche Integral zu sein scheint. Dies sollte Sie dazu ermutigen, die partielle Integration erneut anzuwenden.

Wenden Sie die Methode nochmals an und wählen Sie den zu differenzierenden Ausdruck aus.

```
intparts(Int(x*exp(2*x),x),x);
```
Erkennen Sie das Integral in diesem Ergebnis? Im Integrand muß der Faktor 2 (mit den entsprechenden Anpassungen) eingefügt werden, um die Standardform zu erhalten. Nun können Sie das Beispiel abschließen. Sie müssen dabei die aus der partiellen Integration resultierenden Vorzeichen und Faktoren in Betracht ziehen. Vielleicht können Sie dies ja auch einfacher mit Papier und Bleistift ausführen. **student** gibt Ihnen die Möglichkeit, die bei der trigonometrischen Substitutionsmethode verwendete schrittweise Prozedur durchzugehen.

```
Int(x^3*sqrt(1-x^2),x);
```
Wieder wird das Integral angezeigt, jedoch nicht ausgewertet. Das ist der Unterschied zwischen den Befehlen `Int` und `int`. Wie Sie bereits gesehen haben, ordnet `int` den Integralen einen Wert zu, `Int` hingegen liefert die unausgewertete Form des Integrals.

Beginnen Sie mit einem Integral.

```
changevar(x=sin(v), ",v);
```
Die Substitution $\sin(v)$ für x wird in $\int x^3 \sqrt{1-x^2} \, dx$ ausgeführt und angezeigt.

Sie wollen die trigonometrische Substitution anwenden.

```
powsubs(1-sin(v)^2=cos(v)^2, ");
```
Mit **powsubs** können Sie im letzten Ausdruck (") $1 - \sin^2(v)$ durch $\cos^2(v)$ ersetzen.

Für diese Methode sind trigonometrische Identitäten notwendig.

```
powsubs(sqrt(cos(v)^2)=cos(v), ");
```
Das Ergebnis enthält nun nur ganzzahlige positive Potenzen von $\sin(x)$ und $\cos(x)$.

Da das Radikal $\sqrt{\cos^2(v)}$ ist, können Sie es, unter der Annahme, daß $\cos(v)$ positiv ist, durch $\cos(v)$ ersetzen.

```
powsubs(sin(v)^2=1-cos(v)^2, ");
```
Vielleicht sehen Sie im angezeigten Ergebnis bereits die Potenzformen. Wenn nicht, verwenden Sie den **simplify** Befehl.

Da die Sinusfunktion in eine ungerade Potenz erhoben wird, können Sie sie als Produkt von $\sin(v)$ und einer geraden Potenz von $\sin(v)$ schreiben und die geraden Potenzen der Sinusfunktion in Kosinus umwandeln.

```
value(");
```
Es wird das evaluierte Integral angezeigt, jedoch nicht bezüglich x. Dies können Sie mit **subs** erreichen. Es ist sicherlich für Sie genauso einfach, die Substitution per Hand auszuführen.

*Der **value** Befehl im **student** Package ermittelt den Wert des unevaluierten Ausdrucks.*

Die Untersuchung eines praktischen Problems

Maple kann Sie beim Lösen von Anwendungsproblemen unterstützen, die mit umfangreichen und komplizierten symbolischen Berechnungen verbunden sind. Nehmen wir beispielsweise an, Sie wollen die größtmögliche Leiter bestimmen, die horizontal um die rechteckige Kurve eines Korridors paßt. Das unten abgebildete Diagramm faßt alle für die Lösung dieses Problems gegebenen Informationen zusammen.

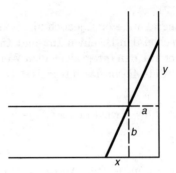

Die Breiten der beiden Gänge des Korridors werden mit a und b bezeichnet. Unter Verwendung der beiden kleinen rechtwinkligen Dreiecke ergibt sich für die Länge der Leiter $\sqrt{(x+a)^2+(y+b)^2}$. Aufgrund der Ähnlichkeit wird die Gleichung $\dfrac{y}{a}=\dfrac{b}{x}$ von den bezeichneten Längen erfüllt.

Weisen Sie der Variable **ladder** *die Länge der Leiter zu.*

```
ladder:=sqrt((x+a)^2+(y+b)^2);
```
In diesem Ausdruck sind x und y Variablen und a und b Konstanten oder Parameter, die einen speziellen Korridor bestimmen. Der Ausdruck definiert eine Funktion zweier Variablen.

Geben Sie die auf der Ähnlichkeit beruhende Gleichung ein.

```
y/a=b/x;
```
Mit dieser Gleichung wird y als Funktion von x bestimmt.

Lösen Sie nach y in x auf.

```
solve(",y);
```
Mit dieser Information können Sie den Ausdruck für die Länge der Leiter von einem Ausdruck zweier Variablen x und y in einen Ausdruck einer einzigen Variable x umwandeln.

Substituieren Sie den Wert von y in **ladder**.

```
ladder:=subs(y=",ladder);
```
Dieses Ergebnis ist ein Ausdruck einer Variablen und definiert eine Funktion von x mit den zwei Konstanten oder Parametern a und b.

Bestimmen Sie die Extremwerte dieser Funktion, indem Sie ihre kritischen Punkte ermitteln.

```
diff(ladder,x);
simplify(");
solve(numer(")=0,x);
```
Es ergeben sich vier kritische Punkte, zwei reelle und zwei komplexe. Da a eine Länge ist, liefert der kritische Punkt $-a$ keine Lösung. Der andere reelle kritische Wert ist ein überraschend einfacher Ausdruck in den Parametern a und b. Aber ist dieser x-Wert ein Maximal- oder Minimalwert?

```
diff(ladder,x$2);
simplify(");
```

*Untersuchen wir die
zweite Ableitung.*

Mit $x\$2$ wird die zweite Ableitung gebildet. Bei genauer Betrachtung sehen Sie, daß die zweite Ableitung stets positiv ist. Somit ist die Funktion `ladder` immer nach oben konkav und der kritische Punkt ein absoluter Minimalpunkt der Funktion. Wie kann das sein?

Schauen Sie sich das Diagramm sorgfältig an und überlegen Sie, wie Leitern verschiedener Länge darin erscheinen würden. Jede Leiter berührt die Ecke der Kurve und die Wände in beiden Gängen. Die maximale Länge einer Leiter, die um die Kurve paßt, ist die minimale Länge der Leitern, die die Ecke und gleichzeitig in jedem Gang eine Wand berühren können. Für gegebene Werte a und b können Sie spezielle Längen von Leitern bestimmen, indem Sie den Befehl **subs** mit dem Ausdruck für den kritischen Punkt verwenden.

Es sollte hier angemerkt werden, daß eine andere Bezeichnung des Diagramms zu Gleichungen führen kann, die mit Maple nicht so leicht zu lösen sind. In dem folgenden Diagramm beispielsweise ergeben die Bezeichnungen einen Ausdruck in x oder y. Die Nullstellen der Ableitung dieses Ausdrucks können mit Maple nicht exakt bestimmt werden.

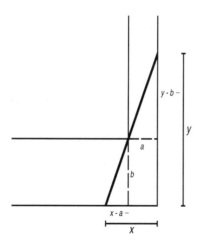

Auch numerische Annäherungen werden hier nicht weiterhelfen, da Parameter a und b verwendet werden. Somit können Sie mit Maple viele Probleme lösen, Sie sollten sich jedoch bei jedem Schritt überlegen, wie Sie eine schwierige Berechnung für sich selbst (mit Papier und Bleistift) vereinfachen können. Dies trifft auch zu, wenn Sie mit einer Software arbeiten.

Vielleicht möchten Sie die Berechnungen von Maple mit fest vorgegebenen Korridorbreiten wiederholen. Sie können zum Beispiel $a = 80\,cm$ und $b = 120\,cm$ festlegen, um ein Gefühl dafür zu bekommen, wie die Berechnungen ablaufen. Auch können Sie überprüfen, wie vernünftig Ihre Analyse ist, indem Sie die Breite beider Gänge gleich setzen $a = b$.

3.2   Differential- und Integralrechnung II

Reihen

Sie können Summen wie $\sum_{i=1}^{5} i^2$ berechnen, eine Taylor-Reihe für eine differenzierbare Funktion erzeugen und mit rekursiven Formeln Potenzreihen bilden.

Sie können die Summe einer endlichen Reihe berechnen.

```
sum(k^2,k=1..5);
```
Hier bildet die Funktion das erste und der Indexbereich das zweite Argument.

Der letzte Indexwert kann eine Variable sein.

```
sum(k^2,k=1..n);
```
Achten Sie darauf, daß diese Formel äquivalent der Standardformel ist, die Sie in Vorbereitungsvorlesungen für Differential- und Integralrechnung oder bei der Einführung in die Integration in der Differential- und Integralvorlesung kennengelernt haben.

Ebenso können Sie bestimmte unendliche Summen berechnen.

```
sum(1/2^k,k=1..infinity);
```
Da dies eine geometrische Reihe ist, kann Maple die Summe bilden.

Taylor-Reihen

Eine beliebig oft differenzierbare Funktion kann durch eine unendliche Reihe, eine Taylor-Reihe, dargestellt werden. Der Befehl `taylor` gibt eine bestimmte Anzahl der Terme der Taylor-Reihe wieder, die um einen bestimmten Wert entwickelt wurde.

Die Funktion e^x ist beliebig oft differenzierbar.

```
taylor(exp(x),x=0,5);
```
Achten Sie auf das Komma nach der 0. Die Taylor-Reihe wird um $x = 0$ entwickelt und es werden die ersten fünf Terme angezeigt. Betrachten Sie den letzten der angezeigten Terme. $O(5)$ liefert den Genauigkeitsgrad des endlichen Polynoms.

```
s:=taylor(exp(-x)*cos(x),x=2,7);
```
Hier wird die Taylor-Reihe um $x = 2$ entwickelt und es sollen sieben Terme angezeigt werden. Der letzte angezeigte Term ist $O(7)$, was den Genauigkeitsgrad der Näherung angibt. Vielleicht möchten Sie die Funktion und ihre Näherungen graphisch darstellen, als visuelle Kontrolle dafür, wie gut die Funktion angenähert wurde.

Die Taylor-Reihen für kompliziertere Funktionen können leicht bestimmt werden.

```
sp:=convert(s,polynom);
plot({exp(-x)*cos(x),sp},x=-2..5);
```
Hier wandelt **convert** die Taylor-Reihe durch Weglassen des Ordnungsterms in ein Polynom um. Achten Sie darauf, daß die Graphen links von 0 und rechts von 4 divergieren.

Stellen Sie die Funktion und ihre Taylor-Reihe graphisch dar.

Funktionen mehrerer Variablen

Maple kann den Grenzwert einer Funktion mehrerer Variablen bestimmen. Ebenso ist Maple in der Lage, partielle Ableitungen und mehrfache Integrale von Funktionen mehrerer Variablen zu bilden.

Ableitungen von Funktionen mehrerer Variablen

```
diff(x^2*y^3+exp(x)+ln(y),x);
```
Dies liefert die partielle Ableitung der Funktion nach x:

$$\frac{\partial f(x,y)}{\partial x}$$

Sie können die partiellen Ableitungen von $f(x,y) = x^2y^3 + e^x + \ln(y)$ bestimmen.

```
diff(x^2*y^3+exp(x)+ln(y),y);
```
Dies liefert die partielle Ableitung der Funktion nach y:

$$\frac{\partial f(x,y)}{\partial y}$$

Ebenso kann die partielle Ableitung von $f(x,y) = x^2y^3 + e^x + \ln(y)$ nach y berechnet werden.

```
diff(diff(x^2*y^3+cos(x)*sin(y),x),y);
```
Das ist

$$\frac{\partial^2 f(x,y)}{\partial x \partial y}.$$

Wie Sie sicher erwartet haben, können Sie auch die zweiten partiellen Ableitungen bestimmen.

Eine Kurzfassung dieses Befehls lautet:

```
diff(x^2*y^3+cos(x)*sin(y),x,y)
```

Andere partielle Ableitungen können Sie auf dieselbe Art und Weise bestimmen.

Anwendungen von partiellen Ableitungen

Partielle Ableitungen werden zur Berechnung der Divergenz und der Rotation, zwei häufig gebrauchten Hilfsmitteln in Natur- und Ingenieurwissenschaften, verwendet. Eine Vektorfunktion $\mathbf{F}$ dreier Variablen kann durch $\mathbf{F}(x, y, z) = M(x, y, z)\mathbf{i} + N(x, y, z)\mathbf{j} + P(x, y, z)\mathbf{k}$ beschrieben werden, wobei $\mathbf{i}$, $\mathbf{j}$ und $\mathbf{k}$ die entsprechenden Einheitsvektoren in der positiven x-, y- und z-Richtung sind. Wenn M, N und P differenzierbare Funktionen sind, dann ist die Divergenz von $\mathbf{F}$ die skalare Funktion

$$\operatorname{div} \mathbf{F} = \frac{\partial M}{\partial x} + \frac{\partial N}{\partial y} + \frac{\partial P}{\partial z},$$

und die Rotation von $\mathbf{F}$ ist die Vektorfunktion

$$\operatorname{curl} \mathbf{F} = \left(\frac{\partial P}{\partial y} - \frac{\partial N}{\partial z}\right)\mathbf{i} + \left(\frac{\partial M}{\partial z} - \frac{\partial P}{\partial x}\right)\mathbf{j} + \left(\frac{\partial N}{\partial x} - \frac{\partial M}{\partial y}\right)\mathbf{k}.$$

Mit Maple können Sie diese Resultate einfach bestimmen. Betrachten Sie die Vektorfunktion $\mathbf{F}(x, y, z) = xy\sin(z)\mathbf{i} + x^2\cos(y)\mathbf{j} + z\sqrt{xy}\,\mathbf{k}$ und nehmen Sie an, wir wollen die Divergenz und die Rotation bestimmen. Um die Befehle für Divergenz und Rotation aufrufen zu können, müssen Sie das Package für die lineare Algebra `linalg` laden. Die lineare Algebra wird später in diesem Buch noch ausführlicher behandelt.

Laden Sie zuerst das Package für die lineare Algebra.

```
with(linalg);
```
Es werden die in diesem Package zur Verfügung stehenden Befehle angezeigt.

Geben Sie die Komponenten der Funktion als Liste ein.

```
F:=[x*y*sin(z),x^2*cos(y),z*sqrt(x*y)];
```

Geben Sie nun den Vektor ein, bezüglich dessen Divergenz und Rotation bestimmt werden sollen.

```
v:=[x,y,z];
```
Auch dieser Vektor wird als Liste eingegeben.

Kommen wir jetzt zur Divergenz von $\mathbf{F}$.

```
diverge(F,v);
```
Es wird die Divergenz von $\mathbf{F}$ angezeigt.

```
curl(F,v);
```
Die Rotation von **F** wird angezeigt. Beobachten Sie, wie schnell Maple diese Ergebnisse berechnet. Sie können auch sehen, wie partielle Ableitungen für die Definition zweier oft gebrauchter Funktionen in Natur- und Ingenieurwissenschaften verwendet werden.

Schließlich können Sie die Rotation von **F** *berechnen.*

3.3 3D-Graphen und Funktionen mehrerer Variablen

Dieser Abschnitt führt Sie in die dreidimensionale graphische Darstellung ein. Sie werden lernen, Graphen auf vielfältige Weise darzustellen.

Graphische Darstellung von Funktionen zweier Variablen

```
plot3d(x^2+y^2,x=-3..3,y=-3..3);
```
Die x und y Intervalle beziehen sich hier auf den rechteckigen Definitionsbereich der Funktion, die durch $x^2 + y^2$ definiert wird. Der Wertebereich (für z) wird nicht spezifisch angegeben. Die Werte des Bereichs werden von Maple automatisch berechnet. Die gezeichnete Figur ist Teil eines elliptischen Paraboloiden.

Stellen Sie die Funktion $f(x,y) = x^2 + y^2$ graphisch dar.

```
plot3d(x^2+y^2,x=-3..3,y=-3..3,view=0..10);
```
Das Intervall des Wertebereichs für die vertikale Dimension ist $[0, 10]$. Die graphische Darstellung sieht nun wesentlich anders aus.

Spezifizieren Sie den Wertebereich mittels der Option view.

Lassen Sie uns nun die erstaunlichen Features eines 3D-Graphik-Fensters in Maple untersuchen. Verschiedene Menüs oben am Fenster können dazu verwendet werden, die Art und Weise, wie die Figur angezeigt wird, zu verändern. Aber zuerst sollten Sie den Blickwinkel durch Drehen der Zeichnung einstellen. Falls Sie unter DOS arbeiten, verwenden Sie für die folgenden Aufgaben die Auswahlmöglichkeiten unten am Bildschirm und das Menü der F10-Taste.

Gehen Sie mit dem Pfeil auf die Figur. Klicken Sie mit der Maustaste, damit ein Kästchen erscheint. Halten Sie die Maustaste gedrückt, gehen Sie mit der Maus etwa einen Zentimeter nach oben und lassen Sie die Maustaste los. Drücken Sie Enter, um die Figur neu zu zeichnen.
Beachten Sie, daß Sie fast nur die Außenseite der Figur und nur wenig vom Inneren sehen können.

Drehen wir die Figur vorwärts.

Ändern Sie Style *im Graphen.*	*Ziehen Sie das Menü* Style *herunter und wählen Sie* Wireframe. *Drücken Sie Enter. Die Figur wird nun neu gezeichnet.*

Oft ist es schwierig, dreidimensionale Graphiken sinnvoll darzustellen. Sie werden die Darstellungsweise der Figur häufig ändern müssen, bis Sie eine gute Veranschaulichung des Verhaltens der Funktion erhalten. Benutzen Sie die verschiedenen Features der dreidimensionalen Darstellung, wenn Sie Funktionen zweier Variablen untersuchen wollen.

Zeigen Sie die Achsen an.	*Wählen Sie* Normal *im Menü* Axes. *Die Figur wird nun neu gezeichnet.*

Es werden die drei Achsen mit den entsprechenden Einheiten angezeigt.

Gehen wir zu einer weiteren Darstellung.	*Wählen Sie* Constrained *im Menü* Projection *und* Boxed *im Menü* Axes. *Zeichnen Sie die Figur neu.*

Die Figur sieht nun wesentlich anders aus und befindet sich besser innerhalb des Kästchens. Wie Sie sehen, können diese Optionen die Figur drastisch verändern.

Zeichnen Sie eine weitere Funktion.	`plot3d(x^2-y^2,x=-3..3,y=-3..3);`

Gehen Sie mit dem Cursor auf die Figur und betätigen Sie die Maustaste. Wählen Sie Patch im Menü Style, die Figur wird neu gezeichnet. Diese Figur wird aus offenkundigen Gründen Sattel genannt. Drehen Sie die Figur, um zu sehen, welche Darstellung Ihnen die meisten Informationen liefert. Mit Wireframe im Menü Style können Sie das Zeichnen beschleunigen und ebenso kann Ihnen Constrained neue Einsichten über die Funktion bieten.

Nun zu einer letzten Graphik.	`plot3d(x*exp(-x^2-y^2),x=-2..2,y=-2..2);`

Mit dieser Figur läßt sich sehr schön spielen. Viel Spaß!

Mehrfache Integrale von Funktionen mehrerer Variablen

Sie können $$\int_0^1 \int_0^{\sqrt{1-x}} xy^2 \, dy \, dx$$ *integrieren.*	`int(int(x*y^2,y=0..sqrt(1-x)),x=0..1);`

Der angezeigte Bruch ist der exakte Wert dieses Doppelintegrals. Dreifache Integrale weisen dieselbe Form auf.

Eine Anwendung mit mehrfachen Integralen

Mit mehrfachen Integralen können Sie den Schwerpunkt eines ebenen Plättchens bestimmen. Nehmen wir beispielsweise an, Sie möchten den Schwerpunkt eines solchen Plättchens von der Form des durch

$$0 \le x \le 4, \quad 0 \le y \le \sqrt{x}$$

beschriebenen Bereichs bestimmen, wobei die Dichte mit $\rho(x, y) = xy$ angegeben ist. Erinnern Sie sich, daß der Schwerpunkt $(\bar{x}, \bar{y})$

$$\bar{x} = \frac{M_y}{M} \quad \text{und} \quad \bar{y} = \frac{M_x}{M}$$

ist, wobei M die Gesamtmasse des Plättchens ist und M_x und M_y die Momente des Bereichs bezüglich der x- und der y-Achse sind.

```
M:=int(int(x*y,y=0..sqrt(x)),x=0..4);
```
Das ist das Doppelintegral $M = \int_0^4 \int_0^{\sqrt{x}} xy \, dy \, dx$.

Bestimmen Sie zuerst die Gesamtmasse M.

```
Mx:=int(int(x*y^2,y=0..sqrt(x)),x=0..4);
```
Das ist das Doppelintegral $M_x = \int_0^4 \int_0^{\sqrt{x}} y(xy) \, dy \, dx$.

Finden Sie nun das Moment M_x des Bereichs über der x-Achse.

```
My:=int(int(x^2*y,y=0..sqrt(x)),x=0..4);
```
Das ist das Doppelintegral $M_y = \int_0^4 \int_0^{\sqrt{x}} x(xy) \, dy \, dx$.

Kommen wir nun zu dem Moment M_y des Bereichs über der y-Achse.

```
xbar:=My/M;
ybar:=Mx/M;
```
Der Schwerpunkt ist $(\bar{x}, \bar{y}) = (3, \frac{8}{7})$.

Jetzt können Sie den Schwerpunkt $(\bar{x}, \bar{y})$ berechnen.

Auf ähnliche Art und Weise können Trägheitsmomente eines ebenen Plättchens und Trägheitsradius um eine Achse bestimmt werden. Sie müssen dafür nur die Formeln wiederholen und die entsprechenden Integrationen ausführen.

Grenzwerte einer Funktion mehrerer Variablen

Sie können den Grenzwert einer Funktion zweier (oder mehrerer) Variablen bestimmen, wenn (x, y) gegen (a, b) strebt.

```
limit((x^2-y^2)/(x^2+y^2),{x=0,y=0});
```
Das ist

$$\lim_{(x,y)\to(0,0)} \frac{x^2 - y^2}{x^2 + y^2}.$$

Maple gibt „undefined" wieder. Der Grenzwert existiert nicht, da sich die Grenzwerte entlang der y- und der x-Achse unterscheiden.

Kommen wir zu einem anderen Beispiel mit einem Grenzwert im Unendlichen.

```
limit((x+1/y),{x=0,y=infinity});
```
Das ist

$$\lim_{(x,y)\to(0,\infty)} x + \frac{1}{y}$$

Der Grenzwert beträgt 0.

3.4   Schreiben eines Projektberichts

Vielleicht wird Ihnen eine Arbeit übertragen, bei der Sie eine Untersuchung mit Maple oder ein Projekt beschreiben sollen. Dazu können Sie Maple verwenden. Nehmen wir an, Sie sollen die Untersuchung mit der Leiter, die Sie weiter vorne in diesem Kapitel durchgeführt haben, beschreiben. Öffnen Sie zuerst ein neues Worksheet. Vielleicht befinden sich in Ihrem jetzigen Worksheet noch die zuvor von Ihnen eingegebenen Befehle. Ist dies der Fall, so sollten Sie diese Befehle in das neue Worksheet kopieren und die Ausgaben mittels Remove Output im Edit-Menü löschen. Wenn nicht, geben Sie die folgenden Befehle aus dieser Untersuchung ein.

```
[ > ladder:=sqrt((x+a)^2+(y+b)^2);
[ > y/a=b/x;
[ > solve(",y);
[ > ladder:=subs(y=",ladder);
[ > diff(ladder,x);
[ > simplify(");
[ > solve(numer(")=0,x);
[ > diff(ladder,x$2);
[ > simplify(");
```

Gehen Sie dazu jeweils an das Zeilenende und drücken Sie das [> *Fügen Sie vor jedem* Icon (Maple Prompt) in der Symbolleiste. Um vor dem ersten Befehl *Befehl Leerzeilen ein.* eine Leerzeile einzufügen, bewegen Sie den Cursor zwischen [und > in der ersten Zeile und drücken das [> Icon. Ihr Bildschirm sollte nun etwa so aussehen:

```
[ >
[ > ladder:=sqrt((x+a)^2+(y+b)^2);
[ >
[ > y/a=b/x;
[ >
[ > solve(",y);
[ >
[ > ladder:=subs(y=",ladder);
[ >
[ > diff(ladder,x);
[ >
[ > simplify(");
[ >
[ > solve(numer(")=0,x);
[ >
[ > diff(ladder,x$2);
[ >
[ > simplify(");
```

Wenn Sie für Ihren Bericht Text in ein Maple Worksheet eingeben *Geben Sie den Text für* wollen, gehen Sie mit der Maus oder den Pfeiltasten zu der Leerzeile *Ihren Bericht ein.* oben auf dem Bildschirm. Drücken Sie in der Symbolleiste das T Icon und geben Sie dann den gewünschten Text ein. So können Sie jeden Befehl kommentieren.

Die ersten sechs Zeilen Ihres Berichtes könnten folgendermaßen aussehen:

```
[ Das Leiterproblem: Ein Bericht
Die Leitervariable wird gleich
sqrt((x+a)^2+(y+b)^2), der Länge
der Leiter gesetzt.
[ > ladder:=sqrt((x+a)^2+(y+b)^2);
[ Das Seitenverhältnis liefert uns eine
Beziehung zwischen x und y.
[ > y/a=b/x;
```

Wenn Sie die Wörter „Das Leiterproblem: Ein Bericht" als Titel *Abändern eines Textes* schreiben wollen, heben Sie diese Wörter hervor und klicken Sie auf *in einen Titel.* das Icon B (für bold=fett) unterhalb der Symbolleiste.

Beachten Sie, daß die hervorgehobenen Wörter größer und fett erscheinen.

Umformen eines Textes in einen mathematischen Ausdruck. Wenn Sie den Text „`sqrt((x+a)^2+(y+b)^2)`" in einen mathematischen Ausdruck umformen wollen, heben Sie diesen Text hervor und wählen aus dem Format-Menü, Convert to item und Math Expression aus.

Wie Sie sehen, erscheint ein Wurzelzeichen.

Wenn Sie den Text zu allen Befehlen in Ihrem Bericht eingegeben haben, sollte Ihr Bildschirm etwa so aussehen:

[**Das Leiterproblem: Ein Bericht**
Die Leitervariable wird gleich
$$\sqrt{(x+a)^2+(y+b)^2},$$
der Länge der Leiter gesetzt.
[> ladder:=sqrt((x+a)^2+(y+b)^2);
[Das Seitenverhältnis liefert uns eine
Beziehung zwischen x und y.
[> y/a=b/x;

Die Befehle in diesem Bericht können ausgeführt werden, indem Sie einfach zu dem erstem Maple-Befehl gehen und nach jeder Befehlszeile im Bericht Enter drücken.

Einen vollständigen Bericht mit Ausgaben finden Sie am Ende dieses Kapitels.

Weitere Hinweise

Maple-Befehle für die Differential- und Integralrechnung

Mit den Befehlen `diff`, `int` und `limit` können Sie in Maple Funktionen einer oder mehrerer Variablen differenzieren, integrieren und deren Grenzwerte bestimmen. Um Ergebnisse lesbarer zu gestalten, erweist sich oft die `simplify` Anweisung als sehr nützlich. Mit `plot` können Sie graphische Informationen über eine Funktion erhalten. Diese graphische Information, in Verbindung mit den ersten und zweiten Ableitungen, sowie der `fsolve` Anweisung, kann Ihnen bei der Untersuchung des Verhaltens der Funktion sehr hilfreich sein.

Unendliche Summen können mit dem Befehl `sum` untersucht werden. Taylor-Reihen erhalten Sie mit der Anweisung `taylor`.

Das student **Package**

Mit **with** können Sie das **student** Package für die Differential- und Integralrechnung laden. Die **intparts** Anweisung in diesem Package hilft Ihnen, sich mit der partiellen Integration vertraut zu machen.

Das **student** Package enthält verschiedene Befehle, die in einer Vorlesung über Differential- und Integralrechnung eingesetzt werden können. Die Anweisungen dieses Packages beschreiben, wie Sie die Lösung eines Problems schrittweise ausarbeiten können, ohne das Problem direkt zu lösen. Mit dem Befehl **Int** erstellen Sie ein Integral, das Sie dann mit Anweisungen wie **intparts**, **changevar** und **powsubs** manipulieren können, um das ursprüngliche Integral in eine bekannte Form zu bringen. Der Befehl **powsubs** ersetzt in einem gegebenen Ausdruck einen Ausdruck durch einen anderen und wird bei trigonometrischen Substitutionen in Integralen verwendet. **value** weist unbewerteten Ausdrücken einen Wert zu.

Übungen

Untersuchen Sie die folgenden Funktionen unter Verwendung der Befehle **diff**, **int**, **limit**, **plot**, **simplify**, **fsolve**, **numer**, **denom** und **taylor**.

Bestimmen Sie alle Maximal- und Minimalwerte, sowie Wendepunkte exakt und zeichnen Sie für jede der folgenden Funktionen eine Skizze:

1. $f(x) = x^{2/3} - \dfrac{1}{5}x^{5/3}$

2. $f(x) = \dfrac{x^2 + x - 2}{x^2}$

3. $f(x) = \dfrac{\sqrt[3]{1 - x}}{1 + x^2}$

Berechnen Sie die folgenden Grenzwerte:

4. $\lim\limits_{x \to \infty} \dfrac{2x^2 - 1}{x^2 + 3}$

5. $\lim\limits_{x \to -1} \dfrac{x^2 - 2x + 1}{2x^2 - x - 3}$

6. $\displaystyle\lim_{(x,y)\to(1,3)} x + y^2$

7. $\displaystyle\lim_{(x,y)\to(2,1)} \frac{xy - y}{2x + 1}$

Führen Sie die folgenden Integrationen aus:

8. $\displaystyle\int x \ln x \, dx$

9. $\displaystyle\int \frac{dx}{\sqrt{x^2 - 4}}$

10. $\displaystyle\int \frac{2x^2 + 19x - 45}{x^3 - 2x^2 - 5x + 6} \, dx$

11. $\displaystyle\int \frac{dx}{4 \sin x - 3 \cos x}$

12. $\displaystyle\int e^{-x} \cos x \, dx$

13. $\displaystyle\int_0^1 \int_0^{\sqrt{x}} y e^{x^2} \, dy \, dx$

Entwickeln Sie jeweils die ersten fünf Terme der Taylor-Reihe um den angegebenen Wert a und stellen Sie sie graphisch dar.

14. $\cos x, \quad a = 0$

15. $\sin x, \quad a = 0$

16. $\cos x, \quad a = 1$

17. $x \sin 2x, \quad a = 0$

18. $e^x, \quad a = 0$

Zeigen Sie für die gegebenen Funktionen, daß $\dfrac{\partial^2 f(x,y)}{\partial x \partial y} = \dfrac{\partial^2 f(x,y)}{\partial y \partial x}$ gilt.

19. $f(x,y) = x^2 y^3 + \cos x \sin y$

20. $f(x,y) = 2^x y^2$

Das Leiterproblem: Ein Bericht

Die Leitervariable wird gleich $\sqrt{(x+a)^2+(y+b)^2}$, der Länge der Leiter gesetzt.

```
> ladder:=sqrt((x+a)^2+(y+b)^2);
```

$$ladder := \sqrt{x^2 + 2\,x\,a + a^2 + y^2 + 2\,y\,b + b^2}$$

Das Seitenverhältnis liefert uns eine Beziehung zwischen x und y.

```
> y/a=b/x;
```

$$\frac{y}{a} = \frac{b}{x}$$

Wir lösen diese Gleichung für y.

```
> solve(",y);
```

$$\frac{b\,a}{x}$$

Wir substituieren diesen Wert für y in dem Leiterausdruck.

```
> ladder:=subs(y=",ladder);
```

$$ladder := \sqrt{x^2 + 2\,x\,a + a^2 + \frac{b^2\,a^2}{x^2} + 2\,\frac{b^2\,a}{x} + b^2}$$

Leiten wir dies nach x ab, so erhalten wir die erste Ableitung der

```
> diff(ladder,x);
```

$$\frac{1}{2}\,\frac{2\,x + 2\,a - 2\,\dfrac{b^2\,a^2}{x^3} - 2\,\dfrac{b^2\,a}{x^2}}{\sqrt{x^2 + 2\,x\,a + a^2 + \dfrac{b^2\,a^2}{x^2} + 2\,\dfrac{b^2\,a}{x} + b^2}}$$

Durch Vereinfachen erhalten wir einen leichter zu analysierenden Ausdruck.

```
> simplify(");
```

$$\frac{x^4 + x^3\,a - b^2\,a^2 - b^2\,a\,x}{\sqrt{\dfrac{(x^2+b^2)\,(x+a)^2}{x^2}}\,x^3}$$

Nun können wir die Nullstellen dieser Ableitung finden, indem wir die Nullstellen des Zählers bestimmen.

```
> solve(numer(")=0,x);
```

$$-a,\ (b^2\,a)^{1/3},\ -\frac{1}{2}\,(b^2\,a)^{1/3} + \frac{1}{2}\,I\,\sqrt{3}\,(b^2\,a)^{1/3},$$

$$-\frac{1}{2}\,(b^2\,a)^{1/3} - \frac{1}{2}\,I\,\sqrt{3}\,(b^2\,a)^{1/3}$$

Die Lösung ist nun $(ab^2)^{(\frac{1}{3})}$.

```
> diff(ladder,x$2);
```

$$-\frac{1}{4}\,\frac{(2\,x + 2\,a - 2\,\dfrac{b^2\,a^2}{x^3} - 2\,\dfrac{b^2\,a}{x^2})^2}{(x^2 + 2\,x\,a + a^2 + \dfrac{b^2\,a^2}{x^2} + 2\,\dfrac{b^2\,a}{x} + b^2)^{3/2}}$$

$$+\frac{1}{2}\,\frac{2 + 6\,\dfrac{b^2\,a^2}{x^4} + 4\,\dfrac{b^2\,a}{x^3}}{\sqrt{x^2 + 2\,x\,a + a^2 + \dfrac{b^2\,a^2}{x^2} + 2\,\dfrac{b^2\,a}{x} + b^2}}$$

Die zweite Ableitung kann vereinfacht werden.

```
> simplify(");
```

$$\frac{(x^4 + 4\,x^3\,a + 3\,a^2\,x^2 + 2\,b^2\,a\,x + 2\,b^2\,a^2)\,b^2}{\sqrt{\dfrac{(x^2 + b^2)\,(x + a)^2}{x^2}}\,x^4\,(x^2 + b^2)}$$

Die zweite Ableitung scheint immer positiv zu sein, da jeder Term im Zähler entweder eine gerade Potenz oder anderweitig positiv ist.

Kapitel 4

Lineare Algebra

Das Package für lineare Algebra `linalg` enthält alle grundlegenden Standardfunktionen der linearen Algebra sowie viele Befehle zur speziellen Verwendung. Laden Sie zuerst das `linalg` Package. Dies müssen Sie jeweils zu Beginn einer Session durchführen oder wenn alle Variablenzuweisungen gelöscht werden (was bei einigen, aber nicht bei allen Versionen möglich ist).

4.1 Das `linalg` Package

`with(linalg);`
Die Namen der geladenen Befehle und Funktionen werden am Bildschirm angezeigt: Seien Sie nicht überrascht, wenn Sie viele davon nicht kennen. Die lineare Algebra gibt es schon seit langer Zeit und sie enthält viele spezialisierte Funktionen.

Mit dem Befehl **with** *laden Sie das Package.*

`?linalg`
Über das Maple Help-System haben Sie jederzeit Zugriff auf die Namen der `linalg` Befehle sowie deren Verwendung. Sie können das Help-System auch mit dem Befehl **help**, wie in `help(linalg)`, aufrufen.

Das Help-System beinhaltet die neuen Befehle im Package.

4.2 Matrizen und Vektoren

In der Informatik werden Matrizen auch Arrays genannt. In Maple ist eine Matrix ein zweidimensionaler Array, dessen Elemente mit zwei tiefgestellten Indizes numeriert werden, wie bei $M = \begin{bmatrix} m_{11} & m_{12} \\ m_{21} & m_{22} \end{bmatrix}$.
Eindimensionale Arrays werden in Maple *Vektoren* genannt; die Elemente eines Vektors werden mit einem einzelnen tiefgestellten Index, wie in $\mathbf{v} = (v_1, v_2)$ numeriert.

Eine Matrix geben Sie mit dem Befehl matrix *ein.*

```
M:=matrix([[1/2,2/3,3/4,4/5],[5/6,6/7,7/7,8/9],
    [9/10,10/11,11/12,12/13]]);
```

In Maple ist eine in eckige Klammern eingeschlossene Folge [...] von Elementen eine *Liste*. Hier ist das Argument für den Matrixbefehl eine Liste, und deren Elemente sind wiederum Listen. Die inneren Listen bilden nacheinander die Zeilen der Matrix. Die zweite Zeile der Matrix M hat beispielsweise als Elemente 5/6, 6/7, 7/7, 8/9. Sie werden später noch andere Formen der matrix Anweisung kennenlernen; hier handelt es sich um die Form *Liste-von-Listen*.

Wenn Sie einen Matrixnamen eingeben, wiederholt Maple einfach den Namen.

```
M;
```

Maple behandelt Matrix- und Funktionsnamen analog. Wenn Sie den Namen einer Matrix oder einer Funktion eingeben, wird die Definition nicht angezeigt.

Verwenden Sie den Befehl evalm, *um die Matrix in ihrer üblichen rechteckigen Form auszugeben.*

```
evalm(M);
```

Stellen Sie sich evalm als „in einer Matrix ausdrücken" vor.

Sie können auch auf die einzelnen Matrixelemente zugreifen.

```
M[2,3];
```

Dieses Ergebnis liefert das Element in der zweiten Zeile und dritten Spalte. Achten Sie darauf, daß hier eckige Klammern zur Anwendung kommen, im Gegensatz zu runden Klammern bei Funktionen. Die Notation $M[i, j]$ ist eine „Computer Indexschreibweise". In manchen Texten wird M_{ij} für das (i, j)-te Element von M verwendet, andere bezeichnen es mit m_{ij}. Maple benutzt $M[i, j]$.

Sie können eine Matrix editieren, indem Sie ihren Elementen neue Werte zuweisen.

```
M[2,3]:=7/8;
```

Damit ändert sich das $(2, 3)$-te Element der Matrix M zu 7/8. Mit dem Befehl evalm können Sie die Änderung von M überprüfen. Besteht eine Matrix aus nur einer Zeile oder Spalte, ist sie eigentlich eindimensional. In Maple müssen Sie jedoch auf die Elemente mit zwei Indizes zugreifen.

```
R:=matrix([[1,2,3,4]]);
C:=matrix([[4],[3],[1],[1]]);
```
Sowohl *R*, als auch *C* scheinen eindimensional zu sein, da sie aber Matrizen sind, sind sie zweidimensional.

Betrachten Sie die Zeilen- und Spalten-matrizen R und C.

```
C[1];
R[1];
```
Einige Texte verwenden nur einen Index, um auf die Elemente von Zeilen- und Spaltenmatrizen zugreifen zu können. Die hier erzeugten Fehlermeldungen zeigen, daß dies für Maple nicht gilt.

Sie müssen zwei Indizes verwenden, um auf die Elemente jeder beliebigen Matrix zugreifen zu können – auch wenn die Matrix eindimensional zu sein scheint.

```
v:=vector([4,3,1,1]);
v[3];
```
In diesem Fall ist das Argument von **vector** eine einzelne Liste. Beachten Sie, daß Maple **v** nicht als Matrix behandelt. Die Datenstruktur **v** läßt sich am besten als geordnetes 4-Tupel $v = (v[1], v[2], v[3], v[4])$ darstellen.

*Verwenden Sie den Befehl **vector**, um einen Array zu erzeugen, auf dessen Elemente Sie mit einem einzigen Index zugreifen können.*

```
v;
```
Konsistenz ist eine Tugend.

Maple antwortet auf Namen von Arrays nicht konsistent.

```
v[3]:=2;
```
Die Komponenten eines eindimensionalen Arrays werden analog den Elementen eines zweidimensionalen Arrays modifiziert, außer daß nur ein Index verwendet wird.

Sie editieren Vektoren, wie Matrizen, indem Sie den Komponenten neue Werte zuweisen.

```
evalm(v);
```
Wie Sie sehen, zeigt Maple den Vektor mit durch Kommata getrennten Elementen an. Für Matrizen mit angemessener Breite ist dies nicht der Fall.

*Der Befehl **evalm** ist für Vektoren wie für Matrizen gültig.*

Lösen von linearen Gleichungssystemen

Das Lösen von linearen Gleichungssystemen ist eine schlichte, aber zeitraubende und fehleranfällige Aufgabe, für die Maple bestens eingesetzt werden kann. In Kapitel 2 haben Sie bereits den Befehl **solve** kennengelernt. Diesen Befehl können Sie zum Lösen jedes beliebigen Gleichungssystems verwenden. Hier ist ein typisches lineares Gleichungssystem.

$$\begin{cases} 3x_2 - 4x_3 + \frac{5}{3}x_4 &= \frac{23}{12} \\ 2x_1 + 7x_2 + \frac{4}{3}x_3 + 3x_4 &= \frac{41}{4} \\ \frac{1}{2}x_1 - 3x_2 + 2x_3 + \frac{13}{3}x_4 &= \frac{41}{12} \\ \frac{7}{6}x_1 + \frac{7}{3}x_2 - \frac{14}{9}x_3 + 7x_4 &= \frac{35}{4} \end{cases}$$

Mit dieser Anweisung geben Sie das System in die Session ein:

```
Sys:={3*x2-4*x3+5/3*x4=23/12,2*x1+7*x2+4/3*x3+3*x4=41/4,
   1/2*x1-3*x2+2*x3+13/3*x4=41/12,
   7/6*x1+7/3*x2-14/9*x3+7*x4=35/4};
```

Achten Sie darauf, daß die Gleichungen durch Kommata getrennt werden und daß die Folge der Gleichungen in geschweiften Klammern eingeschlossen wird.

Nun können Sie mit **solve** *die Lösungen bestimmen.*

```
solve(Sys,{x1,x2,x3,x4});
```

Maple gibt alle gefundenen Lösungen an – in diesem Fall alle, die es gibt.

Wie Sie sehen, wurde hier $x1$, $x2$, $x3$, $x4$ anstelle von $x[1]$, $x[2]$, $x[3]$, $x[4]$ verwendet. Diese „Indexbezeichnung" scheint manchmal natürlicher zu sein. Sie können von beiden Möglichkeiten Gebrauch machen.

Vielleicht ziehen Sie es vor, ein lineares Gleichungssystem mittels Gaußscher Elimination für die erweiterte Matrix des Systems zu lösen.

```
AM:=matrix([[0,3,-4,5/3,23/12],[2,7,4/3,3,41/4],
   [1/2,-3,2,13/3,41/12],[7/6,7/3,-14/9,7,35/4]]);
```

Die erweiterte Matrix des Systems einzugeben erfordert wesentlich weniger einzelne Schritte, als die Eingabe der Gleichungen. Wenn Sie möchten, können Sie die Gaußsche Elimination schrittweise durchführen, indem Sie mit den Maple Befehlen **swaprow**, **mulrow** und **addrow** arbeiten.

Mit **swaprow** *vertauschen Sie die Reihenfolge zweier Zeilen.*

```
SR:=swaprow(AM,1,2);
```

Beachten Sie, daß der Name der Matrix das erste Befehlsargument ist, gefolgt von den Nummern der Zeilen, die Sie vertauschen möchten.

Verwenden Sie **mulrow**, *um eine Zeile mit einem skalaren Wert zu multiplizieren.*

```
MR:=mulrow(SR,1,1/2);
```

Wieder erscheint der Name der Matrix zuerst, anschließend die Nummer der zu multiplizierenden Zeile und dann der Multiplikator.

Mit **addrow** *addieren Sie ein Vielfaches einer Zeile zu einer anderen.*

```
AR:=addrow(MR,1,3,-1/2);
```

Auch hier ist das erste Argument der Name der Matrix, das zweite ist die Nummer der zu multiplizierenden Zeile; darauf folgt dann die Nummer der Zeile, zu welcher das Vielfache addiert wird und schließlich der Multiplikator.

```
pivot(AR,2,2);
```
Der Befehl **pivot** verwendet **addrow**, um die Elemente ober- und unterhalb des angegebenen Elementes auf Null zu bringen. Hier ist das $(2,2)$-te Element spezifiziert. Sie können die **pivot** Anweisung auch auf eine vor- oder rückwärtige Pivotierung beschränken. Für weitere Einzelheiten verwenden Sie **?pivot**.

Sie können dabei die Reduktion teilweise automatisieren, indem Sie **pivot** *anstelle von* **addrow** *verwenden.*

Maple bietet auch mehrere automatisierte Prozeduren für die Gaußsche Elimination an. Es gibt jedoch einige wenige Beschränkungen: Diese Routinen gelten für Matrizen, deren Elemente polynomiale Ausdrücke mit rationalen Koeffizienten sind. Sie funktionieren jedoch nicht für Matrizen, die beispielsweise nichtrationale Quadratwurzeln enthalten. Für solche Matrizen mit allgemeineren Elementen müssen Sie auf die manuelle Zeilenreduktion mittels **addrow**, **mulrow**, **swaprow** und **pivot** zurückgreifen.

```
GE:=gausselim(AM);
```
Das erste Element einer jeden Zeile des Ergebnisses, welches nicht Null ist, wird oft Pivotelement genannt. Beachten Sie, daß die Elemente über den Pivotelementen nicht Null gesetzt wurden.

Die Routine **gausselim** *verwendet für die vorwärts genommene Elimination elementare Zeilenoperationen.*

```
FF:=ffgausselim(AM);
```
Wie sein Name vermuten läßt, führt der Befehl **ffgausselim** die Gaußsche Elimination durch, ohne dabei irgendwelche Brüche einzuführen.

Sie können ebenso die bruchfreie vorwärts genommene Gaußsche Elimination anwenden.

```
RR:=gaussjord(AM);
```
Der Befehl **gaussjord** führt die übliche Gaußsche Elimination mit der Matrix durch, um die reduzierte Zeilenstufenform zu erzeugen.

Mit dem Befehl **gaussjord** *können Sie die Matrix AM vollständig auf die reduzierte Zeilenstufenform bringen.*

```
rref(AM);
```
Vielleicht ziehen Sie wegen seiner Kürze den Befehl **rref** der Anweisung **gaussjord** vor. **rref** ist eine Abkürzung für „reduced row echelon form" – englisch für reduzierte Zeilenstufenform.

Als Alternative können Sie die Anweisung **rref** *synonym zu* **gaussjord** *verwenden.*

Die reduzierte Zeilenstufenform wird von vielen Benutzern bevorzugt, da sie eindeutig ist und die inverse Rechnung trivial macht. Numeriker ziehen es jedoch oft vor, nur die vorwärtige Elimination (wie mit der **gausselim** Routine) und anschließend die inverse Rechnung durchzuführen. Obwohl es relativ einfach ist, die Lösung des ursprünglichen Systems durch inverse Rechnung mit irgendeiner der Matrizen *GE*, *FF* oder *RR* zu bestimmen, setzen Sie hier vielleicht doch Maple ein.

Gerade für größere Systeme, bei denen die inverse Rechnung recht zeitaufwendig werden kann, ist dies praktischer.

Verwenden Sie backsub *für die inverse Rechnung.*

```
backsub(FF);
```

Der Befehl backsub funktioniert für jede beliebige Matrix in Stufenform. Jede der Routinen gausselim, ffgausselim und rref (gaussjord) führt zu einer für backsub geeigneten Matrix.

Achten Sie darauf, daß die von backsub gelieferte Lösung völlig allgemein ist; Sie erhalten alle Lösungen durch Variation des in der Lösung auftretenden Parameters. Manchmal müssen Sie mehrere Systeme mit der gleichen Koeffizientenmatrix lösen. Dies ist eine Situation, die bei Anwendungen häufig auftritt. Nehmen wir beispielsweise an, daß Sie das System Sys, mit dem Sie bisher gearbeitet haben, für mehrere rechte Seiten lösen müssen, einschließlich $c[1] = (23/12, 41/4, 41/12, 35/4)$, $c[2] = (5, 0, -13/4, 7/4)$ etc. Die erweiterte Matrix AM des ersten Systems wurde bereits eingegeben und dieses erste System wurde gelöst. Für die verbleibenden Systeme würde eine analoge Prozedur ausreichen. Aber wenn Sie sich AM als die Koeffizientenmatrix K der Unbekannten vorstellen, die durch die Spalte **c** der rechten Seiten erweitert wurde, dann wäre es natürlich viel effizienter, K herauszuziehen und erneut mit $c[2]$ etc. zu lösen. Maple verfügt über Block-Editierbefehle, die hier eingesetzt werden können.

Mit submatrix *können Sie die Koeffizientenmatrix aus AM herausziehen.*

```
K:=submatrix(AM,1..4,1..4);
```

Das erste Argument des Befehls submatrix ist der Name der Matrix, gefolgt von Zeilen- und Spaltenbereich.

Erweitern Sie K nacheinander mit jeder der neuen rechten Seiten und fahren Sie wie zuvor fort.

```
c[2]:=vector([5,0,-13/4,7/4]);
AM:=augment(K,c[2]);
gausselim(AM);
backsub(");
```

Wie Sie sehen, wird **c**[2] hier als Vektorname verwendet. Die i-te Komponente von **c**[2] ist **c**[2][i]. Die Verwendung dieser Notation definiert **c** implizit als *table*. Tabellen stehen mit Arrays in engem Zusammenhang, sind jedoch allgemeiner. Der Befehl print(c) zeigt die Tabelle an. Mit ?table erhalten Sie weitere Informationen über Tabellen.

Sie können alle Vektoren **g** *bestimmen, für die das System konsistent ist.*

```
g:=vector([g1,g2,g3,g4]);
AM:=augment(K,g);
GE:=gausselim(AM,4);
```

Das zweite Argument von gausselim (in diesem Fall 4) verhindert, daß die Prozedur gausselim Pivotelemente rechts der angegebenen

Spalte verwendet; damit wird sichergestellt, daß Elemente, die eventuell Null sind, nicht als Pivotelemente benutzt werden.

```
g[1]:=solve(GE[4,5]=0,g1);
```
Wird $GE[4,5] = 0$ gesetzt, ist dies äquivalent dazu, daß **g**[1] als Lösung der Gleichung $GE[4,5] = 0$ angenommen wird.

In diesem Fall ist das System genau dann konsistent, wenn das $(4,5)$-te Element von GE 0 ist.

```
evalm(g);
```
Jeder Vektor **v**, für den das lineare System mit der erweiterten Matrix $[K, \mathbf{v}]$ konsistent ist, hat nun die gleiche Form wie **g**: **v**[2], **v**[3] und **v**[4] sind beliebig und **v**[1] = **v**[4] − 1/3**v**[2] − **v**[3].

*Der allgemeine Lösungsvektor ist nun **g**.*

```
AM:=augment(K,g);
GE:=gausselim(AM,4);
```

Wenn Sie wie zuvor fortfahren, so können Sie die Lösung des allgemeinen (lösbaren) Systems bestimmen.

```
backsub(");
```
Der angezeigte Vektor liefert eine Formel für die Koeffizienten der Lösung.

*Beenden Sie den Prozeß mit **backsub**.*

Weitere Editierbefehle

Manchmal ist es recht hilfreich, wenn Sie die Möglichkeit haben, nur einen Teil einer Matrix zu verwenden oder aus Vektoren und Matrizen neue Matrizen zusammenzustellen, z.B. wenn mehrere lineare Systeme mit der gleichen Koeffizientenmatrix gelöst werden sollen. Maple verfügt zusätzlich zu den Befehlen **submatrix** und **augment**, über verschiedene andere nützliche „Editierwerkzeuge". Mit **submatrix** geben Sie den Zeilen- und Spaltenbereich an, den Sie behalten möchten. Wenn Sie nur noch mit einer Zeile oder Spalte arbeiten möchten, ist es einfacher, die Anweisungen **row** oder **col** zu verwenden.

```
r:=row(AM,3);
```
Der Befehl **row** liefert einen Vektor, hier die dritte Zeile von AM.

*Mit **row** wählen Sie eine einzelne Zeile aus.*

```
c:=col(AM,5);
```
Der Befehl **col** liefert ebenfalls einen Vektor, in diesem Fall die fünfte Spalte von AM. Es kann vorkommen, daß Sie einen Zeilen- oder Spaltenbereich angeben, den Sie löschen möchten. Dies können Sie mit den Befehlen **delrows** und **delcols** durchführen.

*Mit **col** wählen Sie eine einzelne Spalte aus.*

Mit delrows *oder* delcols *löschen Sie Zeilen oder Spalten.*

```
delcols(AM,5..5);
```

Das erste Argument des Befehls delcols ist der Name der Matrix; das zweite Argument ist der zu löschende Spaltenbereich. Beachten Sie, daß dieser Befehl äquivalent zu der weniger kompakten Anweisung submatrix(AM,1..4,1..4) ist. Der Befehl delrows funktioniert analog für das Löschen von Zeilen.

Der Befehl stack *ermöglicht eine vertikale Erweiterung.*

```
stack(K,c,v);
```

Sowohl augment, als auch stack akzeptieren eine beliebige Anzahl von Argumenten. Dies können Matrizen, Vektoren oder beliebige Kombinationen davon sein. Die Längen der Vektoren müssen übereinstimmen und (für den Befehl stack) gleich der Breite aller Matrixargumente sein.

Eine wichtige Bemerkung zu Namen

Manchmal ist es vorteilhaft, eine Kopie eines existierenden Arrays anzufertigen und einige der Elemente zu verändern. Dazu können Sie den Befehl copy verwenden.

Mit copy *fertigen Sie eine Kopie eines Arrays an.*

```
cc:=copy(c);
cc[1]:=0;
cc[1];
c[1];
```

Wie Sie sehen, hat sich $c[1]$ nicht verändert. Die Matrizen cc und c sind hier nicht gleich.

Ohne den Befehl copy *erhalten Sie ein völlig anderes Ergebnis.*

```
cc:=c;
cc[1]:=0;
c[1];
```

In diesem Fall sind cc und c zwei Namen für die gleiche Matrix.

Zusammenfassung und weitere Hinweise

Mit matrix geben Sie eine Matrix ein:

$$A := \operatorname{matrix}([[1,2],[3,4]])$$

Mit vector geben Sie einen Vektor ein:

$$v := \operatorname{vector}([1,2,3,4])$$

In Maple stellen Sie sich Vektoren am besten als n-Tupel vor. Insbesondere sind Vektoren keine Matrizen. Das (i, j)-te Element einer Matrix A wird mit $A[i, j]$ und das i-te Element eines Vektors $\mathbf{v}$ mit $\mathbf{v}[i]$ bezeichnet. Verwenden Sie den Zuweisungsoperator := um ein Element einer Matrix oder eines Vektors zu ändern. Der Befehl `A[2,3]:=4` weist dem $(2, 3)$-ten Element einer Matrix A den Wert 4 zu. Mit `v[2]:=3` wird dem zweiten Element von $\mathbf{v}$ der Wert 3 gegeben. Verwenden Sie `evalm(E)`, um mit Maple die Elemente einer Matrix oder eines Vektorausdruckes E zu evaluieren und anzuzeigen. Lineare Gleichungssysteme können gelöst werden, indem die erweiterte Matrix des Systems reduziert und `backsub` angewendet wird. Mit `addrow`, `mulrow` und `swaprow` können Sie eine schrittweise Reduktion durchführen. Automatisch ist dies mit `gausselim`, `ffgausselim` oder `gaussjord` (`rref`) möglich. Alternativ dazu können Sie die Reduktion mittels `pivot` teilweise automatisieren.

Maple stellt verschiedene Editierbefehle für Matrizen zur Verfügung. Die Befehle `augment`, `stack`, `submatrix`, `delrows` und `delcols` ermöglichen ein leichtes Abschneiden und Zusammenfügen von Matrizenteilen.

Weitere Befehle in diesem Zusammenhang (Mit Help (`?`) können Sie Informationen erhalten über): `copyinto`, `minor`, `subvector`.

Übungen

1. Geben Sie die 4×6 Matrix $A = (a_{ij})$ ein, wobei jedes Element durch $a_{ij} = i/(i + j)$ definiert ist.

2. Verwenden Sie `gausselim` und `backsub`, um das lineare System mit der Matrix A aus Übung 1 als erweiterte Matrix zu lösen.

3. Ersetzen Sie die sechste Spalte der Matrix A aus Übung 1 mittels der Befehle `delcols` und `augment` durch den Vektor $\mathbf{v} = (v_i) \in R^4$, definiert als $v_i = i^{32}$. Speichern Sie das Ergebnis als B.

4. Verwenden Sie `gausselim` und `backsub`, um das lineare System mit der Matrix B aus Übung 3 als erweiterte Matrix zu lösen.

5. Lösen Sie das folgende lineare System mittels Zeilenreduktion und inverser Rechnung an seiner erweiterten Matrix.

$$\begin{cases} 2x_1 + 3x_2 + 4x_3 + 5x_4 + 6x_5 + 7x_6 = 8 \\ 3x_1 + 3x_2 + 4x_3 + 5x_4 + 6x_5 + 7x_6 = 11 \\ 4x_1 + 4x_2 + 4x_3 + 5x_4 + 6x_5 + 7x_6 = 37 \\ 5x_1 + 5x_2 + 5x_3 + 5x_4 + 6x_5 + 7x_6 = 32 \end{cases}$$

6. Zeigen Sie mit `ffgausselim` und `backsub`: Wenn gilt $a \neq b$, dann ist für jedes x das lineare System mit der folgenden erweiterten Matrix konsistent.

$$M = \begin{bmatrix} a & b & x \\ a+1 & b+1 & x+1 \\ a+2 & b+2 & x+2 \\ a+3 & b+3 & x+3 \\ a+4 & b+4 & x+4 \\ a+5 & b+5 & x+5 \\ a+6 & b+6 & x+6 \\ a+7 & b+7 & x+7 \\ a+8 & b+8 & x+8 \\ a+9 & b+9 & x+9 \end{bmatrix}$$

4.3 Mehr über Matrizen und Vektoren

Matrix- und Vektorarithmetik

Für Matrizen werden die gleichen arithmetischen Operationssymbole verwendet, wie für Zahlen, außer daß das Symbol für Zusammensetzungen `&*` für die Matrizenmultiplikation und der Befehl `innerprod` für die Multiplikation Matrix-Vektor und Vektor-Matrix stehen. Das Sternchen (`*`) bleibt der Skalarmultiplikation vorbehalten. Der Befehl `evalm`, welcher auf Vektoren- und Matrizenausdrücke angewendet wird, weist Maple an, diese zu evaluieren.

Beginnen Sie mit: `with(linalg);`

Eine Möglichkeit für die Herangehensweise an die Matrix-Vektorarithmetik ist, den zu evaluierenden Ausdruck zu bilden und dann den Befehl `evalm` anzuwenden. Einen arithmetischen Matrixausdruck erstellen Sie wie jeden arithmetischen Ausdruck, unter Verwendung von `&*` für Matrixprodukte.

```
A:=matrix([[0,3,-4,5],[2,7,4/3,9],[1/2,-3,2,13],
   [4/3,7,-2/3,11/3]]);
M:=matrix([[1,2],[3,4],[2,3],[4,5]]);
```
Die Matrizen können auf einer Zeile eingegeben werden. Sie können die Matrizen jedoch auch an jeder geeigneten Stelle teilen.

Betrachten Sie zum Beispiel die zwei hier gegebenen Matrizen A und M.

```
S:=A &* M;
```
Wie Sie sehen, wird S nicht evaluiert. Durch die Leerzeichen um &* wird das Symbol bei dieser ersten Verwendung hervorgehoben; Leerzeichen sind im allgemeinen nicht erforderlich, außer zwischen &* und ".

Definieren Sie den Ausdruck S mit A und M.

```
F:=A^2&*(2*M-S-M);
```
Bei der Definition von F wird S verwendet.

Sie können mit Ausdrücken weitere Ausdrücke definieren.

```
evalm(F);
```
Das Ergebnis wird in der üblichen rechteckigen Form angegeben.

Verwenden Sie **evalm**, *um das Resultat zu evaluieren.*

```
evalm(A&*M+S);
```
Manchmal möchten Sie noch mit einem Ausdruck arbeiten oder die detaillierte Antwort sofort erhalten, bevor Sie **evalm** aufrufen. Sie werden Ihren eigenen Stil für die Verwendung des Befehls **evalm** entwickeln. Stellen Sie sich diesen Befehl als einen „Button" vor, den Sie immer dann drücken, wenn Sie das Ergebnis als vollständige Matrix sehen wollen.

Mit der allgemein üblichen Funktionsschreibweise können Sie auch Ausdrücke in den Befehl **evalm** *einschließen.*

```
print(F);
```
Der Befehl **print** veranlaßt nicht, daß ein Matrixausdruck mit arithmetischen Operatoren evaluiert wird. (Einige Vereinfachungen können ausgeführt werden.)

Mit **print** *können Sie die Definition eines Ausdruckes wiederholen.*

```
A-A;
```
Wenn Maple das Symbol 0 für die Nullmatrix wiedergibt, dann gibt es keine Möglichkeit, die Dimension der Matrix zu bestimmen, außer Sie betrachten die Dimensionen der Matrizen, die zu diesem Ergebnis geführt haben. Normalerweise liefert jedoch das Ergebnis alle erforderlichen Informationen.

Entsprechend den üblichen Konventionen, verwendet Maple manchmal 0 für die Nullmatrix.

```
evalm(A+3);
```
Achten Sie darauf, daß der Skalar so verwendet wird, als ob er die Matrix $S = (s_{ij})$, die so groß wie M ist, bildet, wobei gilt:

Für die Addition können Sie einen Skalar wie eine Skalarmatrix behandeln.

$$s_{ij} = \begin{cases} 3, & \text{für } i = j, \\ 0, & \text{für } i \neq j. \end{cases}$$

Für die Multiplikation können Sie jedoch einen Skalar nicht als Skalarmatrix verwenden.

```
evalm(3&*A);
```

Bei Maple müssen Sie * für die Multiplikation mit einem Skalar verwenden.

Eine scheinbare Ausnahme von dieser Regel ist, daß 0 mit & verwendet werden kann.*

```
evalm(0&*A);
```

Dies ist jedoch konsistent damit, daß Maple 0 als die Nullmatrix verwendet.

In den meisten Fällen können Sie den skalaren Multiplikationsoperator nicht für die Matrizenmultiplikation verwenden. Eine nützliche Ausnahme gilt für Potenzen.

```
B:=evalm(A*A);
```

Maple evaluiert Produkte mit *, ohne die Reihenfolge der Terme zu beachten. Da die Multiplikation von Matrizen jedoch streng nichtkommutativ ist, haben die Entwickler von Maple eine konservative Herangehensweise gewählt, um * für Produkte von Matrizen zuzulassen. Bei Potenzen stellt die Reihenfolge jedoch kein Problem dar.

*Maple nimmt es mit der Verwendung von * und &* sehr genau.*

```
evalm(M&*3*S);
```

Hier evaluiert Maple von links nach rechts, weil &* und * die gleiche Priorität haben. Da M&*3 kein legaler Ausdruck ist, erscheint eine Fehlermeldung. Verwenden Sie entweder evalm(M&*(3*S)), oder verschieben Sie den Skalar.

Vektoraddition und skalare Multiplikation sind den entsprechenden Operationen von Matrizen ähnlich.

```
v:=vector([-143/3,-47,-99/2,-31]);
evalm(2*v-k*v);
```

k ist hier ein symbolischer Skalar, da ihm noch kein Wert zugewiesen wurde.

Sie können einen Array verwenden, ohne ihm einen Namen zuzuordnen.

```
evalm(v+vector([3,7,-2/3,6]));
```

Matrizen können in der gleichen Weise verwendet werden.

Sie können einen Skalar zu einem Vektor addieren, das Ergebnis ist jedoch nicht analog der Addition zu einer Matrix.

```
w:=evalm(v+3);
```

Hier wurde der skalare Wert so behandelt, als ob er den Vektor $\mathbf{s} = (3, 3, 3, 3)$ darstellte. Vergleichen Sie dieses Ergebnis mit der obigen Berechnung von $M + 3$.

```
innerprod(A,w);
innerprod(v,A);
```
Im ersten Fall wird **w** als Spaltenvektor behandelt. Im zweiten Fall ist **v** ein Zeilenvektor. Dies ist eine durchaus übliche Erweiterung der Definition der Matrizenmultiplikation.

Mit dem Befehl **innerprod** *können Sie Matrizen mit Vektoren oder Vektoren mit Matrizen multiplizieren. Das Ergebnis ist ein Vektor.*

```
innerprod(v,A,B,w);
```
Hier wird **v** als Zeilen- und **w** als Spaltenvektor behandelt. Die Berechnung wird natürlich scheitern, wenn die Arrays nicht die entsprechenden Größen für die Multiplikation haben – es müssen übereinstimmen: die Länge von **v** mit der Höhe von A, die Breite von A mit der Höhe von B und die Breite von B mit der Länge von **w**. Dann ist das Ergebnis ein skalarer Wert.

Sie können den Befehl **innerprod** *mit einem Vektor an einer Seite (oder an beiden oder an keiner Seite) und einer oder mehreren Matrizen in der Mitte verwenden.*

```
evalm(A&*w);
```
Vektoren werden von der **&*** Operation als Spalten behandelt. Das Ergebnis ist gleich dem von **innerprod(A,w)**.

Die **&*** *Operation kann auch dazu verwendet werden, das Produkt* **A**w *einer Matrix mit einem Vektor zu berechnen, wenn der Vektor auf der rechten Seite steht.*

```
evalm(v&*A);
```
Vektoren können nur auf der rechten Seite der **&*** Operation verwendet werden.

Das Produkt **v**A *können Sie jedoch nicht mit der* **&*** *Operation berechnen.*

```
alias(ID=&*());
evalm(ID&*A);
```
Auf diese Weise können Sie für die Einheitsmatrix fast jeden gewünschten Namen auswählen. Beachten Sie, daß bei jeder Verwendung des Befehls **alias** eine vollständige Liste aller gültigen Alias-Zuweisungen wiedergegeben wird.

*Sie können das nicht gerade elegante zusammengesetzte Symbol „***&*()***" für die Einheitsmatrix verwenden. Mit* **alias** *können Sie dem Symbol auch eine andere Zuweisung geben.*

```
evalm(A+ID);
evalm(A+1);
```
Das Symbol I ist ursprünglich ein Alias für die komplexe Zahl i. Wird es verändert, so antwortet Maple mit $(-1)^{1/2}$ anstelle von I. Sie können für die Einheitsmatrix aber auch ein anderes Symbol, z.B. Id, einführen.

Wenn Sie die Einheitsmatrix zu einer anderen Matrix addieren, so erhalten Sie das gleiche Resultat wie bei einer Addition mit dem skalaren Wert **1**.

Andere Formen von Matrix- und Vektorbefehlen

Maple bietet für die Befehle `matrix` und `vector` verschiedene alternative Formen an, die manchmal günstiger sein können. Die Anweisung `matrix` kann in der Form

```
matrix(m,n,spec)
```

verwendet werden, wobei `m` und `n` die Zeilen- und Spaltenanzahl bezeichnen und `spec` entweder eine Liste-von-Listen, eine Liste von Elementen, ein Vektor oder eine Funktion zweier Variablen ist. Der Befehl `vector` kann in der Form

```
vector(m,spec)
```

verwendet werden, wobei `m` die Anzahl der Elemente angibt und `spec` entweder eine Liste oder eine Funktion einer Variablen ist.

Sie können m und n auch mit der Form Liste-von-Listen des Befehls `matrix` *spezifizieren.*

```
M:=matrix(2,3,[[1,2,3],[2,3,4]]);
```
Wie Sie wissen, ist hier die Spezifikation von m und n fakultativ.

Einen ähnlichen Spielraum haben Sie mit dem Befehl `vector`.

```
v:=vector(3,[1,2,3]);
```
Die Spezifikation von m ist fakultativ.

Wenn Sie m und n angeben, kann das dritte Argument der Anweisung `matrix` *eine einfache Liste, anstatt einer Liste-von-Listen sein.*

```
L:=matrix(4,2,[1,2,3,4,5,6,7,8]);
```
Das ist die *list form* des Befehls `matrix`. Wenn die Matrix gebildet wird, wird die Liste in vier Gruppen mit je zwei Elementen geteilt. Viele Benutzer ziehen diese Form wegen der einfachen Dateneingabe der Liste-von-Listen Form vor; andere wiederum vermissen dabei etwas von der Natürlichkeit der Liste-von-Listen Form.

Obwohl ein Vektor nicht nur einfach eine Liste ist, behandelt Maple ihn in diesem Fall so.

```
V:=matrix(3,1,v);
```
Mit dieser Eigenschaft können Sie auf einfache Weise einen Vektor in eine Matrix konvertieren. Die Reihenfolge der Indizes bestimmt, ob das Ergebnis eine Zeile oder Spalte ist. Mit `?matrix` erhalten Sie eine vollständige Beschreibung der Verwendung eines Vektors mit `matrix`.

Das dritte Argument des Befehls `matrix` *kann auch eine Funktion zweier Variablen sein.*

```
M:=matrix(7,9,(i,j)->i/j);
```
Dies ist die Funktionsform des Befehls `matrix`. Das dritte Argument kann eine beliebige Funktion zweier Variablen sein. Hier ist das (i,j)-te Element i/j. Diese Funktionsform, falls anwendbar, ist gewöhnlich die effizienteste.

```
Z:=matrix(3,3,0);
```
Die Funktion $x \rightarrow r$ wird in Maple für jede beliebige rationale Zahl r auch r genannt. In vielen Texten wird diese Vereinbarung für alle Zahlen verwendet, Maple benutzt sie jedoch nur für rationale Zahlen.

Sowohl eingebaute als auch vom Benutzer definierte Funktionen mit einem Namen bilden ein besonders einfaches Matrix-element.

```
Ident[9]:=evalm(matrix(9,9,0)+1);
```
Da es so einfach ist, eine Einheitsmatrix jeder beliebigen gewünschten Größe zu erzeugen, hat Maple keine Funktion für die Einheitsmatrix. Beachten Sie, daß Sie die Notation $ID[9]$ hier nicht verwenden können – das würde zu einem Konflikt mit dem Alias ID führen.

Mit der Funktion 0 und der „allgemeinen Einheitsmatrix" ID können Sie Einheitsmatrizen einer gewünschten Größe definieren.

```
v:=vector(20,i->i^2);
```
Hier ist die Funktion eine Funktion einer Variablen. Das Ergebnis enthält die Quadrate der ersten zwanzig natürlichen Zahlen.

Sie können auch eine Funktionsform des Befehls vector verwenden.

```
diag(1,5,2,4,3);
```
Dies ist eine große Zeiteinsparung gegenüber jeder anderen Möglichkeit, Diagonalmatrizen einzugeben.

Mit der Anweisung diag können Sie Diagonalmatrizen sehr leicht eingeben.

```
diag(Z,1,2,matrix(3,3,1));
```
Das Ergebnis wird eine *verallgemeinerte Diagonalmatrix* oder auch *Stufenmatrix* genannt. Achten Sie darauf, daß diag ein Synonym für BlockDiagonal ist. Beide Befehle akzeptieren entweder „skalare" oder quadratische Matrizen.

Der Befehl diag akzeptiert als Argumente auch quadratische Matrizen.

```
S:=matrix(3,3);
evalm(S);
```
Das (i,j)-te Element von S ist einfach $S[i,j]$. Symbolische Matrizen werden zur allgemeinen Überprüfung der Eigenschaften von Matrizen benötigt.

Wenn Sie m und n mit dem Befehl matrix spezifizieren, können Sie das dritte Argument auch völlig weglassen. Das Ergebnis ist eine symbolische Matrix.

```
s:=vector(5);
evalm(s);
```
Das i-te Element von **s** ist $s[i]$.

Damit wird ein symbolischer Vektor erzeugt.

Wenn Sie eine Idee für numerische Matrizen testen wollen, kann Maple für Sie Beispiele erzeugen.

Sie können zufällige ganzzahlige Matrizen generieren.

```
R:=randmatrix(20,20);
```
Damit wird eine „pseudo-zufällige" 20×20 Matrix mit ganzen Zahlen erzeugt.

*Sie können eine Hypothese an einer großen Matrix, die mit der Option **sparse** generiert wurde, testen.*

```
RS:=randmatrix(30,15,sparse);
```
Die Option **sparse** bewirkt, daß die Matrix viele Nullelemente hat.

Eine Bemerkung zu Arrays, Schleifen und Folgen

Die Schleife ist ein sehr hilfreiches Werkzeug für Berechnungen. Besonders bei der Automatisierung von sich wiederholenden Vorgängen sind Schleifen sehr praktisch. Die wichtigste Form einer Schleife in Maple ist

```
for count from start by inc to finish
  do
    stufftodo
  od;
```

wobei *count* eine Variable ist. *start* und *finish* sind die Anfangs- und Endwerte von *count* und *inc* ist der Betrag, um den *count* bei jeder Wiederholung erhöht wird. Die auszuführenden Vorgänge werden zwischen **do** und **od** aufgeführt (und falls es mehrere sind, jeweils durch ein Semikolon getrennt). „from" und „by" sind fakultativ; wenn sie weggelassen werden, sind die Default-Werte von *start* oder *inc* 1. Demnach sind „`for i to 3 do ... od`" und „`for i from 1 by 1 to 3 do ... od`" äquivalent. Die Variable *count* kann eine Variable mit oder ohne zugewiesenen Wert sein; in jedem Fall hat sie nach Beendigung der Schleife den Wert *finish* $+1$.

Mit Schleifen können Sie Vektoren oder Matrizen editieren.

```
v:=vector(27,i->1);
for i from 1 by 2 to 27
    do
        v[i]:=0
    od;
```
Alle Elemente von **v** mit ungeraden Indizes werden 0 gesetzt.

Damit wird die Änderung überprüft.

```
evalm(v);
```

Schleifen sind auch bei der Definition von mehreren ähnlichen Strukturen praktisch.

```
for i from 1 to 9
    do
        v[i]:=vector(5,j->j/i)
    od;
```

```
i;
```
Die Tatsache, daß i einen Wert besitzt, führt zu keinen Problemen, wenn Sie i erneut in einer Schleife verwenden (die Schleife setzt i zurück). Bei anderweitiger Verwendung kann es jedoch unliebsame Überraschungen geben.

Nach Beendigung der Schleife behählt der Zähler einen Wert.

```
'i';
```
'i' ist das ursprüngliche i, ohne zugewiesenen Wert – es ist nicht der Wert, der i zugewiesen wurde.

Beachten Sie, daß Maple zwischen i und 'i' unterscheidet.

```
i:='i';
```
Damit wird i zurückgestellt. Beachten Sie, daß hier die normalen (vorwärts gerichteten) halben Anführungszeichen und keine rückwärts gerichteten verwendet werden.

Wenn Sie i nicht unbedingt mit der gegenwärtigen Zuweisung benötigen, so sollten Sie diese besser zurückstellen.

Zusammenfassung

Der Befehl matrix hat viele verschiedene Formen. Die Listenform von matrix läßt sich im allgemeinen schneller verwenden, als die Liste-von-Listen Form. Beide Formen haben jedoch ihre Befürworter. Die Funktionsformen der Anweisungen matrix und vector sind wahrscheinlich, wenn sie anwendbar sind, am besten zu gebrauchen.

Symbolische Matrizen und Vektoren bieten eine Möglichkeit, Eigenschaften im allgemeinen für kleine Dimensionen zu überprüfen.

Der Befehl randmatrix generiert pseudo-zufällige Matrizen, die bei der Kontrolle von Hypothesen nützlich sind. Eine Berechnung mit zufällig generierten numerischen Matrizen ist im allgemeinen viel schneller, als die gleiche Berechnung mit symbolischen Matrizen. Demzufolge bietet randmatrix eine attraktive Möglichkeit, Hypothesen zu testen.

Mit der Anweisung diag können Sie Diagonalmatrizen (oder quasidiagonale Matrizen) einfacher eingeben.

Den Befehl innerprod können Sie zur Berechnung des Produktes einer Matrix mit einem Vektor, eines Vektors mit einer Matrix, eines Vektors mit einem Vektor oder einer Matrix mit einer Matrix verwenden.

Weitere Befehle in diesem Zusammenhang array, BlockDiagonal, companion.

Übungen

1. Geben Sie die 5×8 Matrix A ein, bei der das (i, j)-te Element der Quotient $i/(i + j)$ ist.

2. Finden Sie eine Funktionsform für die Definition der Matrix

$$A = \begin{bmatrix} 1 & 2 & 3 & 4 \\ 2 & 3 & 4 & 5 \\ 3 & 4 & 5 & 6 \\ 4 & 5 & 6 & 7 \\ 5 & 6 & 7 & 8 \end{bmatrix}.$$

3. Erzeugen Sie die Matrix

$$B = \begin{bmatrix} 1 & 2 \\ 2 & 3 \\ 4 & 5 \end{bmatrix}$$

durch Anwendung des Befehls `submatrix` auf die Matrix A aus Übung 2.

4. Wiederholen Sie die Übung 3 mit den Befehlen `delrows` und `delcols`.

5. Verwenden Sie die Funktionsform des Befehls `vector`, um den Vektor **v** in R^{20} mit dem i-ten Element i^3 einzugeben.

6. Verwenden Sie die Funktionsform des Befehls `matrix`, um die 10×10 Matrix $I_{10} = (\delta_{ij})$ einzugeben, wobei

$$\delta_{ij} = \begin{cases} 1 & \text{für } i = j \\ 0 & \text{für } i \neq j \end{cases}$$

gilt. Sei M eine zufällige 10×10 Matrix und A die erweiterte Matrix $[M, I_{10}]$. Reduzieren Sie A auf die reduzierte Zeilenstufenform $F = [L, R]$ und überprüfen Sie, daß für die rechte Seite R von F die Gleichung $RM = L$ gilt. Achten Sie darauf, daß L die reduzierte Zeilenstufenform von M ist.

7. Zeigen Sie mit `augment` und `rref`, daß jeder Vektor **x** in R^{10} ein Vielfaches der durch $m_{ij} = \min(i, j)$ definierten 10×10 Matrix $M = (m_{ij})$ ist.

8. Zeigen Sie, daß die Matrix

$$A = \begin{bmatrix} 1 & 2 & 3 & 4 \\ 2 & 3 & 4 & 5 \\ 3 & 4 & 5 & 6 \\ 4 & 5 & 6 & 7 \end{bmatrix}$$

für jeden Vektor $\mathbf{v} = (s+2t-x+2, -2s-3t+x-1, s, t)$ die Gleichung $A\mathbf{v} = (x, x+1, x+2, x+3)$ erfüllt.

9. Sei

$$B = \begin{bmatrix} 1 & 2 & 3 & 4 & 5 \\ 2 & 3 & 4 & 5 & 1 \\ 3 & 4 & 5 & 1 & 2 \\ 4 & 5 & 1 & 2 & 3 \\ 5 & 1 & 2 & 3 & 4 \end{bmatrix}.$$

Evaluieren Sie das „Matrizenpolynom" $B^5 - 15B^4 - 25B^3 + 375B^2 + 125B - 1875$.

4.4 Grundlegende Matrix- und Vektorfunktionen

Die grundlegenden Funktionen und Befehle für Matrizen und Vektoren sind in dem `linalg` Package enthalten. Wie diese Funktionen in Maple verwendet werden, wird in diesem Abschnitt erläutert.

```
with(linalg);
alias(I=&*());
```

Diese Anweisungen müssen Sie nur einmal pro Session eingeben.

Falls Sie während einer Session vermuten, daß Maple die Befehle aus `linalg` nicht versteht, versuchen Sie eine einfache Anweisung wie `matrix(1,1)`. Wenn Sie das `linalg` Package geladen haben, sollte Maple mit `[?[1,1]]` antworten. Zeigt Maple jedoch `matrix(1,1)` an, so haben Sie wahrscheinlich vergessen, das `linalg` Package zu laden. Kann dieses Problem durch das Laden von `linalg` behoben werden, müssen Sie eventuell alle zuvor eingegebenen Matrizen oder Vektoren neu definieren.

```
Max:=matrix(5,5,(i,j)->max(i,j));
det(Max);
```

Sie können die Determinante einer Matrix berechnen.

Sie können die Adjungierte einer Matrix bestimmen – für viele nicht gerade eine Lieblingsbeschäftigung, wenn dies von Hand geschehen soll.

```
Adj:=adjoint(Max);
```
Die Berechnung der Adjungierten einer 5 × 5 Matrix erfordert die Berechnung der Determinanten von 25 4 × 4 Matrizen.

*Wenn Sie die Eigenschaften einer Funktion wie **det** untersuchen wollen, können Sie mit symbolischen Matrizen und Vektoren arbeiten.*

```
S:=matrix(2,2);
det(S);
```
Dies führt zu der bekannten Formel für die Determinante einer 2 × 2 Matrix. Wegen der Länge der Ausgabe werden Sie dies jedoch nicht für Matrizen durchführen wollen, die viel größer als 4 × 4 sind. (Die Formel für die Determinante einer 5 × 5 Matrix hat 120 Terme, wovon jeder ein Produkt aus 5 Termen ist; bei manchen Computern reichen vielleicht die Ressourcen dazu nicht aus. Versuchen Sie es!)

Sie können die Inverse einer invertierbaren Matrix berechnen.

```
inverse(Max);
```
Diese Berechnung kann ebenfalls entweder mit `evalm(Max^(-1))` oder mit `evalm(1/Max)` durchgeführt werden. Es ist wahrscheinlich etwas überraschend, wie einfach die Inverse der Matrix *Max* ist. Vielleicht möchten Sie experimentell eine Formel für die Inverse einer zu *Max* analogen $n \times n$ Matrix entwickeln.

*Wenn Sie den Befehl **inverse** auf eine singuläre Matrix anwenden, erhalten Sie eine Fehlermeldung.*

```
M:=matrix(5,5,(i,j)->i+j mod 2);
inverse(M);
```
Manche Programme geben eine „verallgemeinerte Inverse" wieder, wenn keine reguläre Inverse existiert. Nicht jedoch Maple.

Sie können die Inverse einer Matrix mit nicht definierten Elementen berechnen.

```
inverse(S);
```
Diese Anweisung liefert die bekannte Formel für die Inverse einer invertierbaren 2 × 2 Matrix. Ebenso wie **det** erfordert **inverse** erhebliche Ressourcen, um für größere symbolische Matrizen die Inverse zu bestimmen. Auch wenn Ihr Computer über die dafür notwendigen Ressourcen verfügt, ist es eher unwahrscheinlich, daß Sie so lange auf die Formel für die Inverse einer 20 × 20 Matrix warten wollen.

Sie können überprüfen, ob das Produkt einer Matrix mit ihrer Adjungierten die skalare Matrix det(A)I ist.

```
S:=matrix(4,4);
A:=adjoint(S);
alias(DetS=det(S));
evalm(A&*S);
map(simplify, ");
```
Der Befehl **Alias** für **DetS** zu **det(S)** gibt das Ergebnis in einer einfachen Form aus. Mit der letzten Anweisung werden die Elemente vereinfacht.

```
y:=vector([6,9,6,9,6]);
evalm(inverse(M)&*y);
```
Diese Berechnungen funktionieren natürlich nur, wenn M invertierbar ist, was hier nicht der Fall ist.

Falls die Koeffizienten-matrix nicht singulär ist, können Sie mit dem Befehl inverse *ein lineares System* $Mx = y$ *lösen.*

```
linsolve(M,y);
```
Die Anweisung `linsolve` ist in gewissem Sinne analog der Multiplikation von links mit der Inversen, sie erfordert jedoch nicht, daß die Koeffizientenmatrix invertierbar ist.

Als Alternative dazu können Sie den Befehl linsolve *zum Lösen eines linearen Systems* $Mx = y$ *verwenden.*

Mit dieser Anweisung wird das lineare System $Mx = y$ für x gelöst. In diesem Fall gibt es viele Lösungen. Beachten Sie, wenn $A = [M, \mathbf{v}]$ die erweiterte Matrix des Systems ist, dann ist `linsolve(M,v)` analog `G:=backsub(gausselim(A))`. Die Lösungen der zwei Prozeduren werden jedoch nicht immer genau die gleiche Form besitzen, da die Prozeduren unterschiedliche Algorithmen verwenden. Achten Sie darauf, daß die Komponenten des Lösungsvektors dazu verwendet werden können, y als Linearkombination der Spaltenvektoren von M darzustellen.

```
B:=augment(y,2*y);
X:=linsolve(M,B);
```
Das zweite Argument muß keine Spaltenmatrix sein. Wie Sie sehen, wurde der Lösung der Name X zugewiesen.

Mit linsolve *können Sie auch eine Matrix-gleichung* $AX = B$ *nach* X *auflösen.*

```
linsolve(M,Max);
```
Es werden alle gefundenen Lösungen angegeben – keine in diesem Fall.

Vielleicht finden Sie die Antworten auf linsolve *manchmal etwas verwirrend.*

```
transpose(X);
```
Wie Sie sehen, wurden Zeilen und Spalten vertauscht.

Auch die üblichen Vektorfunktionen stehen zur Verfügung.

Sie können die Trans-ponierte einer Matrix berechnen.

```
u:=vector([1,1,1]);
v:=vector([0,1,-1]);
w:=crossprod(u,v);
```
Erinnern Sie sich daran, daß das Kreuzprodukt zweier Vektoren zu diesen beiden orthogonal ist.

Sie können das Kreuz-produkt von Vektoren in R^3 *berechnen.*

```
dotprod(u,w);
```
Beachten Sie, daß das Skalarprodukt in diesem Fall gleich `innerprod(v,w)` ist. Das Ergebnis zeigt, daß $\mathbf{w}$ orthogonal zu $\mathbf{v}$ ist.

Sie können das Skalar-produkt von Vektoren berechnen.

Sie können die Norm eines Vektors berechnen.

```
norm(u,2);
```
Mathematiker verwenden verschiedene Normen von Vektoren und Matrizen; dies hier ist die Standardnorm $\|\mathbf{v}\| = \sqrt{\mathbf{v} \cdot \mathbf{v}}$. Sie können das Ergebnis dieses Befehls mit dem Ergebnis von `norm(v)` vergleichen, um sich davon zu überzeugen, daß Sie hier vorsichtig sein müssen. Weitere Informationen finden Sie in Help unter `norm`.

Sie können auch den Winkel zwischen zwei Vektoren bestimmen.

```
angle(v,w);
```
Erinnern Sie sich daran, daß der Winkel θ zwischen zwei Vektoren $\mathbf{v}$ und $\mathbf{w}$ der Gleichung $\mathbf{v} \cdot \mathbf{w} = \|\mathbf{u}\| \, \|\mathbf{v}\| \cos(\theta)$ genügt.

Mehr über Indizes und Folgen

Indizes und Folgen sind untrennbar miteinander verbunden. In Maple bildet jede Menge von durch Kommata getrennter Objekte eine *Folge*. Demzufolge ist eine Liste eine in eckige Klammern, eine Menge eine in geschweifte Klammern eingeschlossene Folge etc. In Maple werden Folgen mit dem Befehl `seq` erzeugt. Die Syntax der Anweisung `seq` gleicht der des bestimmten Integrals `int(f(x),x=1..5)`.

Hier generiert der Befehl `seq` *ein Anfangsstück der Folge von Fakultäten.*

```
F:=seq(i!,i=0..10);
```
$F[i]$ ist jetzt $(i-1)!$.

Der Befehl `seq` *unterstützt auch die Form* `s1, s2 ...` *der Indizierung, wenn Sie zwischen* `s` *und* `i` *einen Punkt verwenden.*

```
seq(s.i,i=1..5);
```
Der Punkt ist in Maple der *Verkettungsoperator*. (Zwei Symbolfolgen miteinander zu verketten, bedeutet, sie längs hintereinander zu schreiben und so eine Folge zu bilden. `s.3` wird dadurch zu `s3`.)

Mit dem Befehl `seq` *können Sie ein Argument für eine Funktion mehrerer Variablen, wie beispielsweise* `augment`, *erzeugen.*

```
S:=matrix(5,5);
seq(row(S,i),i=1..5);
T:=augment(");
```
Mit diesen Anweisungen wird eine neue Matrix gebildet, die als Spalten die Zeilen von S hat. Somit ist T die Transponierte von S.

```
row(S,1),
row(S,2),
row(S,3),
row(S,4),
row(S,5);
T:=augment(");
```
Achten Sie auf die Kommatas zwischen den `row` Anweisungen.

Sie können die gewünschte Folge auch manuell erzeugen. Welche Herangehensweise rationeller ist, hängt von der Anzahl der Terme ab.

Der Befehl `seq`, zur rechten Zeit verwendet, kann Ihnen eine Menge Tipperei ersparen.

Polynome und Matrizen: Der Satz von Cayley-Hamilton

Polynome und Matrizen wirken auf viele verschiedene Arten zusammen. In diesem Abschnitt lernen Sie, wie Sie mit Hilfe von Maple einen solchen Zusammenhang untersuchen können.

```
A:=matrix(3,3,(i,j)->i+j-1 mod 3);
p:=charpoly(A,x);
```
Wie Sie sehen, hat das charakteristische Polynom den Grad 3 und als konstanten Term $(-1)^3 \det(A)$.

Sie können das charakteristische Polynom $\det(xI - A)$ einer quadratischen Matrix entweder direkt oder mit dem Maple-Befehl `charpoly` *berechnen.*

```
subs(x=A,p);
evalm(");
```
Mit diesen Anweisungen wird sicherlich der Satz von Cayley-Hamilton für die Matrix A verifiziert. Aber ist es nicht offensichtlich, daß gilt $\det(AI - A) = 0$? Die Antwort lautet Ja. Der Satz von Cayley-Hamilton führt jedoch die Substitution $x = A$ nach Bestimmung der Determinante durch. Im ersten Fall ist die Antwort die Zahl 0; im zweiten Fall die Matrix 0.

Der nach seinen Entdeckern benannte Satz von Cayley-Hamilton besagt, daß jede quadratische Matrix eine Lösung ihrer eigenen charakteristischen Gleichung $C_A(x) = 0$ ist.

```
M:=matrix(3,3);
evalm(charpoly(M,M));
```
Vielleicht helfen hier einige Vereinfachungen weiter.

Mit den symbolischen Fähigkeiten von Maple können Sie den Satz von Cayley-Hamilton allgemein für kleine Dimensionen verifizieren.

Setzen Sie den Befehl `map` *ein, damit der spezifizierte Befehl auf die Matrixelemente angewendet wird.*

```
map(simplify, ");
```
Die meisten mathematischen Funktionen (sin, cos etc.) werden durch den Befehl `evalm` auf die Matrixelemente übertragen. Bei einigen von den Maple-Systembefehlen, wie beispielsweise `simplify`, geschieht dies jedoch nicht. Für diese muß der Befehl `map` angewendet werden.

Aus dem Satz von Cayley-Hamilton folgt: Wenn p ein beliebiges Polynom und r der Rest bei der Division von p durch das charakteristische Polynom von A ist, dann gilt $p(A) = r(A)$. Da der Grad des Restes stets kleiner als der Grad des Divisors ist, folgt, daß kein Polynom in A in der Form mit einem Grad größer als zwei geschrieben werden muß.

Verwenden Sie den Befehl `rem`, *um den Rest bei der Division eines Polynoms durch ein anderes zu berechnen.*

```
rem(x^7-4*x^3+1,x^3-3*x^2-3*x+9,x);
```
Erinnern Sie sich daran, daß zwei beliebig gegebene Polynome p und d als

$$p = qd + r$$

geschrieben werden können, wobei r entweder 0 ist oder einen kleineren Grad als d hat.

Der Befehl `rem` *ist auch für Polynomfunktionen gültig.*

```
p:=x->x^7-4*x^3+1;
r:=x->rem(p(x),charpoly(A,x),x);
```

Nun können Sie zeigen, daß $p(A) = r(A)$ gilt.

```
p(A);
evalm(");
r(A);
evalm(");
```
Vielleicht überprüfen Sie aber auch lieber $p(A) - r(A) = 0$.

Polynome und Matrizen: Kurvenanpassung

Zwei Punkte (x_1, y_1) und (x_2, y_2), mit verschiedenen x-Koordinaten, bestimmen eine Gerade und demzufolge ein Polynom der Form $p(x) = ax + b$. Ebenso bestimmen drei Punkte (x_1, y_1), (x_2, y_2) und (x_3, y_3) ein Polynom der Form $p(x) = a + bx + cx^2$ etc. Um die Gleichung des von $n + 1$ Punkten der Form (x_1, y_1), (x_2, y_2), ..., (x_{n+1}, y_{n+1}), mit verschiedenen x-Koordinaten, bestimmten Polynoms

$$p(x) = a_0 + a_1 x + \cdots + a_n x^n$$

zu finden, muß ein System von $n+1$ Gleichungen mit $n+1$ Unbekannten gelöst werden. Das System wird durch Evaluieren der Gleichung $p(x_i) = y_i$ für $i = 1 \ldots n+1$ generiert. In Matrixform ist das System $M\mathbf{a} = \mathbf{y}$, mit

$$
M = \begin{bmatrix}
1 & x_1 & x_1^2 & \cdots & x_1^n \\
1 & x_2 & x_2^2 & \cdots & x_2^n \\
 & & \vdots & & \\
1 & x_{n+1} & x_{n+1}^2 & \cdots & x_{n+1}^n
\end{bmatrix},
$$

$$
\mathbf{a} = (a_0, a_1, \ldots, a_n) \quad \text{und} \quad \mathbf{y} = (y_1, y_2, \ldots, y_{n+1}).
$$

Demzufolge können die Koeffizienten des Polynoms $p(x)$ durch Lösen der Matrixgleichung $M\mathbf{a} = \mathbf{y}$ für a gefunden werden. Wie Sie sehen, ist $M = (x_i^{j-1})$. Matrizen dieser Form werden *Vandermondesche Matrizen* genannt. Es gilt der Satz, Vandermondesche Matrizen sind invertierbar und somit hat die Gleichung $M\mathbf{a} = \mathbf{y}$ eine eindeutig bestimmte Lösung. Im folgenden wird das Polynom

$$
p(x) = a_0 + a_1 x + \cdots + a_4 x^4,
$$

welches durch die Punkte $(1,5)$, $(2,3)$, $(3,27)$, $(4,12)$ und $(5,2)$ verläuft, abgeleitet. Solche Datenpunkte könnten beispielsweise Meßwerte sein, die um 1:00, 2:00, 3:00, 4:00 und 5:00 Uhr von Instrumenten abgelesen wurden.

```
y:=vector([5,3,27,12,2]);
M:=vandermonde([1,2,3,4,5]);
```
Achten Sie auf die Form von M.

Mit dem Befehl **vandermonde** *können Sie die Koeffizientenmatrix M erzeugen.*

```
a:=linsolve(M,y);
```
Die Elemente von a sind die Koeffizienten von $p(x)$.

Der Koeffizientenvektor von p ist die Lösung der Gleichung $M\mathbf{x} = \mathbf{y}$.

```
p:=x->dotprod(a,vector([seq(x^i,i=0..4)]));
```
Vielleicht möchten Sie den Wert von $p(x)$ bei $x = 1, 2, 3, 4, 5$ nochmals überprüfen.

Sie können nun das Polynom p entweder als Ausdruck oder Funktion berechnen.

```
plot(p,x=0..6);
```
Wie gewöhnlich müssen Sie vielleicht mit den Parametern von **plot** etwas experimentieren, um die gewünschte Information zu erhalten.

Um weitere Informationen zu erhalten, können Sie den Graphen des Polynoms p zeichnen.

Zusammenfassung und weitere Hinweise

Maple kennt alle üblichen Matrix- und Vektorfunktionen: `det`, `transpose`, `inverse` etc.

Jede quadratische Matrix ist eine Lösung ihres eigenen charakteristischen Polynoms.

Bei Kurvenanpassungen treten von Natur aus Vandermondesche Matrizen auf. Es gilt der Satz: Jede Vandermondesche Matrix ist invertierbar.

Mit den symbolischen Fähigkeiten von Maple können wichtige Sätze (mit eventuell schwer verständlichen Beweisen) für kleine Dimensionen überprüft werden. Der Befehl `seq` vereinfacht in vielen Fällen die Tipparbeit.

Ein weiterer Befehl in diesem Zusammenhang `companion`.

Übungen

1. Berechnen Sie den Winkel zwischen den Vektoren $\mathbf{u} = (1, 2, 3, 5)$ und $\mathbf{v} = (3, -2, 2/3, 4)$. Konvertieren Sie den Winkel in Grad und geben Sie eine Gleitkommanäherung an.

2. Verwenden Sie die Befehle `vandermonde` und `linsolve`, um das Polynom $p = a_0 + a_1 x + a_2 x^2 + a_3 x^3 + a_4 x^4 + a_5 x^5$ zu finden, welches durch die sechs Punkte $(-6, 12)$, $(-3/2, -2)$, $(1/4, 3)$ $(3/4, 11)$, $(47, 33)$ und $(11, -27)$ verläuft.

3. Sei M die Matrix

$$\begin{bmatrix} 0 & 1 & 1 & 1 & 1 \\ 1 & 0 & 1 & 1 & 1 \\ 1 & 1 & 0 & 1 & 1 \\ 1 & 1 & 1 & 0 & 1 \\ 1 & 1 & 1 & 1 & 0 \end{bmatrix},$$

und sei A die Teilmatrix, die man beim Weglassen der fünften Spalte von A erhält. Berechnen Sie den Rang von A. Da der Rang nicht größer als die Anzahl der Spalten sein kann, wird ausgegeben, die Matrix A hat *vollen* Rang. Zeigen Sie, daß die Matrix $A^T A$ invertierbar ist. Es gibt den Satz: Die Matrix $A^T A$ ist für jede beliebige $m \times n$ Matrix A mit Rang n invertierbar. Können Sie diesen Satz begründen?

4. Es gibt den Satz: Die Determinante der Matrix B, die durch Vertauschen der ersten beiden Zeilen einer quadratischen Matrix A entsteht, ist $-\det(A)$. Überprüfen Sie dies für eine symbolische 4×4 Matrix A. Anmerkung: Da die Determinante einer 4×4 Matrix aus 24 Termen besteht, ist es einfacher, $\det(A) + \det(B) = 0$ zu überprüfen. (Sie können den Befehl `swaprow` verwenden.)

5. Sei A die durch den Maple-Befehl `A:=matrix(3,3,(i,j)->i+j-1 mod 3)` erzeugte Matrix. Sei

$$p(x) = x^{17} - 4x^{15} + 3/2x^6 - 1/2x^3 + 7x - 3,$$

und $r(x)$ der bei der Division von $p(x)$ durch das charakteristische Polynom von A entstehende Rest. Überprüfen Sie $p(A) = r(A)$.

6. Wenden Sie den Befehl `factor` auf die Determinante der 4×4 Matrix `V:=vandermonde([a,b,c,d])` an. Dies macht u.a. deutlich, warum die Vandermondesche Matrix so bekannt ist.

7. Jedes Polynom mit höchstem Koeffizienten Eins ist das charakteristische Polynom einer geeignet gewählten Matrix. Eine der einfachsten Matrizen mit dem charakteristischen Polynom p wird die *Begleitmatrix* von p genannt und in Maple mit `companion(p,x)` bezeichnet.

a. Zeigen Sie, daß $p = x^{12} - 32x^{10} + 11x^4 - 32x + 17$ das charakteristische Polynom seiner Begleitmatrix ist.

b. Bestimmen Sie eine Formel für die Begleitmatrix.

4.5 Basis- und Dimensionsbefehle in Maple

Eine der nützlichsten Arten, einen Vektorraum zu beschreiben, ist die Angabe einer Basis; Maple verfügt über eine Anzahl von Befehlen, die Ihnen dabei behilflich sein können.

```
with(linalg);
```
Wie üblich ...

Wenn M eine beliebige Matrix ist, dann bilden die Zeilen der reduzierten Zeilenstufenform, die nicht nur aus Nullen bestehen, eine Basis des Zeilenraumes von M.

```
M:=matrix(9,7,(i,j)->i+j mod 2);
F:=rref(M);
B:={row(F,1),row(F,2)};
```
Die Menge *B* der Zeilen von *F*, die nicht nur aus Nullen bestehen, ist eine Basis des Zeilenraumes von *M*.

Mit dem Befehl **rowspace** *können Sie diese Basis berechnen.*

```
rowspace(M);
```
Folglich besteht der Zeilenraum von *M* aus allen Vektoren der Form (x, y, x, y, x, y, x).

Der Befehl **colspace** *funktioniert analog.*

```
colspace(M);
```
Die Anweisung **colspace** wendet **rowspace** auf die Transponierte der angegebenen Matrix an. Die angezeigten Vektoren bilden eine *Basis* des Spaltenraumes von *M*. Beachten Sie, daß der Spaltenraum aus allen Vektoren der Form (x, y, x, y, x) besteht.

Mit dem Befehl **basis** *erhalten Sie eine Basis von einer beliebigen erzeugenden Menge.*

```
for i to 9
    do
        u.i:=vector(7,j->i+j)
    od;
SpanList:=[seq(u.i,i=1..9)];
B:=basis(SpanList);
```
Das Argument für den Befehl **basis** kann eine beliebige Menge oder Liste von Vektoren sein. Das Ergebnis ist eine Teilmenge oder Teilliste der in **basis** angegebenen Vektoren.

Wenn Sie eine orthogonale Basis erhalten wollen, können Sie den Befehl **GramSchmidt** *verwenden.*

```
GS:=GramSchmidt(B);
```
Das Argument von **GramSchmidt** kann entweder eine Menge oder eine Liste von Vektoren sein. Das Ergebnis ist eine orthogonale Menge oder Liste von Vektoren mit derselben linearen Hülle wie das Original. Die in **GramSchmidt** angegebenen Vektoren müssen nicht linear unabhängig sein.

Die (nicht nur aus Nullen bestehenden) Vektoren können normiert werden, indem sie jeweils durch ihre Norm dividiert werden.

```
T:=[seq(GS[i]/norm(GS[i],2),i=1..2)];
```
Das *i*-te Element der Liste *GS* ist *GS*[*i*]. Erinnern Sie sich daran, daß die Standardvektornorm in Maple mit **norm(v,2)** bezeichnet wird.

```
colspace(M);
```
Haben Sie dieses Ergebnis erwartet?

Der Befehl `colspace` *liefert eine Basis für den Bildraum der Matrixfunktion* $\mathbf{x} \to M\mathbf{x}$.

```
rank(M);
```
Vielleicht möchten Sie den Rang von M mit dem Rang von M^T vergleichen. Laut Ihrem Lehrbuch sollten diese übereinstimmen. Vergleichen Sie auch den Rang von M mit dem Rang des Produktes $M^T M$. Können Sie sich irgendeinen Grund vorstellen, warum diese gleich sein sollen?

Sie können die Dimension des Zeilen- oder Spaltenraumes erhalten, ohne eine Basis zu berechnen.

```
K:=nullspace(M);
```
Der Befehl **nullspace** wird auch **kernel** genannt.

Mit dem Befehl `nullspace` *können Sie eine Basis für den Kern von* $\mathbf{x} \to M\mathbf{x}$ *berechnen.*

```
linsolve(M,vector(9,i->0));
```
`linsolve` liefert eine allgemeine, parametrisierte Lösung, aus der Sie leicht eine Basis für den Lösungsraum ableiten können; **nullspace** gibt direkt eine Basis wieder.

Vielleicht möchten Sie die Ausgabe von `nullspace` *mit der von* `linsolve` *vergleichen.*

Summen und Schnitträume von Unterräumen

```
C:={seq(vector(7,j->min(i,j)),i=1..5)};
D:={seq(vector(7,j->max(i,j)),i=1..4)};
```

U und V seien Unterräume von R^n, die von $C = \{\mathbf{u}_1, \mathbf{u}_2, \dots, \mathbf{u}_r\}$ bzw. $D = \{\mathbf{v}_1, \mathbf{v}_2, \dots, \mathbf{v}_s\}$ aufgespannt werden.

```
basis(C);
basis(D);
```
Folglich haben U und V die Dimensionen 5 bzw. 4.

In diesem speziellen Fall sind sowohl C, als auch D linear unabhängige Mengen.

```
sumbasis(C,D);
```
Der Unterraum $U + V$ wird von $C \cup D$ aufgespannt. Beachten Sie, daß $U + V$ die Dimension 6 hat.

Mit dem Befehl `sumbasis` *können Sie eine Basis für den Unterraum $U + V$ finden.*

<table>
<tr>
<td>

Mit dem Befehl
intbasis *können Sie auch eine Basis für den Schnittraum $U \cap V$ bestimmen.*

</td>
<td>

`intbasis(C,D);`

Achten Sie auf die Beziehung zwischen $\dim(U + V)$ und $\dim(U) + \dim(V) - \dim(U \cap V)$. Können Sie dies allgemein beweisen?

</td>
</tr>
</table>

Zusammenfassung und weitere Hinweise

Maple stellt die Befehle `rowspace`, `colspace`, `kernel`, `nullspace` und `basis` für die Berechnung einer Basis von Unterräumen zur Verfügung. Mit dem Befehl `GramSchmidt` können Sie eine orthogonale Basis für einen Unterraum bestimmen.

Weitere Befehle in diesem Zusammenhang `rowspan`, `colspan`.

Übungen

1. Bestimmen Sie eine Basis B für den Unterraum U von R^5, der von den Vektoren $\mathbf{v}_1 = (1, 3, 5, 7, 9)$, $\mathbf{v}_2 = (3, 5, 7, 9, 11)$, $\mathbf{v}_3 = (5, 7, 9, 11, 13)$, $\mathbf{v}_4 = (7, 9, 11, 13, 15)$ aufgespannt wird.

2. Sei M die erweiterte Matrix $M = [\mathbf{v}_1, \mathbf{v}_2, \mathbf{v}_3, \mathbf{v}_4]$ mit dem i-ten Spaltenvektor $\mathbf{v}_i$ aus Übung 1. Bestimmen Sie Basen für den Nullraum und Bildraum von M und berechnen Sie den Rang von M.

3. Bestimmen Sie mit dem Befehl `GramSchmidt`, angewandt auf die Basis B aus Übung 1, eine orthogonale Basis für U.

4. Verwenden Sie das Ergebnis aus Übung 3, um eine orthonormale Basis T für den Unterraum U aus Übung 1 zu bestimmen.

5. Verwenden Sie `randmatrix` mit der Option `sparse`, um eine 10×10 Matrix M zu erzeugen. Überprüfen Sie mit dem Befehl `intbasis`, ob der Zeilenraum von M einen trivialen Schnittraum mit dem Nullraum von M hat.

6. Bilden Sie zwei beliebige Teilmengen B und C von R^{10}. (Sie können dazu den Befehl `randmatrix` und die Zeilen des Ergebnisses verwenden.) Zeigen Sie mit den Befehlen `sumbasis`, `basis` und `intbasis`, daß die Dimension der linearen Hülle von $B \cup C$ gleich der Dimension der linearen Hülle von B plus der Dimension der linearen Hülle von C minus der Dimension des Schnittraumes der linearen Hüllen von B und C ist.

4.6 Lineare Abbildungen

Eine lineare Abbildung können Sie entweder mit einer Pfeil- oder mit einer **proc** Definition festlegen.

```
L:=x->vector([2*x[1]-x[2],x[4]+3*x[5],3*x[5]+1/2*x[4]]);
```
Beachten Sie, daß in der Maple-Definition von L der Definitionsbereich nicht auf R^5 – oder nicht einmal auf Vektoren – beschränkt wird.

Diese Anweisungen definieren eine lineare Abbildung von R^5 in R^3.

```
u:=vector(5,i->i);
v:=vector(5,i->i!);
L(u+v);
```
Sie könnten hier `L(evalm(u+v))` verwenden.

So wie L definiert ist, kann es nicht erfolgreich auf Ausdrücke angewendet werden – auch wenn diese als Vektoren in R^5 dargestellt sind.

```
T:=
   proc(x)
      local y;
      y:=evalm(x);
      vector([2*y[1]+3*y[2],-3*y[1]+y[3],3*y[1]-2*y[3]]);
   end;
```
Achten Sie darauf, daß die Abbildung T **evalm** auf ihr eigenes Argument anwendet. Die zweite Zeile der Definition beschränkt die Zuweisung von y auf die Prozedur selbst.

*Mit einer **proc** Definition können Sie lineare Abbildungen festlegen, die Ausdrücke evaluieren. Die hier definierte lineare Abbildung T besitzt diese Eigenschaft.*

```
u:=vector([5,-7,9]);
v:=vector(3);
T(u+k*v);
```

Die lineare Abbildung T kann auf Ausdrücke angewendet werden, die sowohl numerische, als auch symbolische Vektoren beinhalten.

```
T(v);
A:=matrix([[2,3,0],[-3,0,1],[3,0,-2]]);
```
Das (i,j)-te Element von A ist der Koeffizient von $\mathbf{v}[j]$ im i-ten Element von $T(\mathbf{v})$.

Sie können die Standardmatrix einer linearen Abbildung einfach bestimmen, indem Sie sie auf einen symbolischen Vektor anwenden.

```
genmatrix([T(v)[1],T(v)[2],T(v)[3]],[v[1],v[2],v[3]]);
```
Beachten Sie, daß das erste Argument die Liste der Elemente von $T(\mathbf{v})$ ist und das zweite Argument die Liste der Elemente von $\mathbf{v}$.

*Verwenden Sie den Befehl **genmatrix**, um A zu berechnen.*

Sie können die Vektoren zu Listen konvertieren, um die Matrixberechnung noch einfacher zu gestalten.

```
TT:=convert(T(v),list);
vv:=convert(v,list);
genmatrix(TT,vv);
```
Diese Methode ist besonders für größere Matrizen nützlich.

Sie können auf einfache Weise überprüfen, ob allgemein $T(\mathbf{v}) = A\mathbf{v}$ gilt.

```
T(v);
evalm(A&*v);
```

Sie können den Kern und Bildraum von T von A bestimmen.

```
kernel(A);
colspace(A);
```
Wenn eine lineare Abbildung L durch ein Gleichungssystem $L(\mathbf{b}_i) = \mathbf{d}_i$, $i = 1 \ldots k$ gegeben ist, wobei $\{\mathbf{b}_1, \mathbf{b}_2, \ldots, \mathbf{b}_k\}$ eine Basis für V ist, dann können Sie sehr einfach eine Maple Prozedur erstellen, die für jeden Vektor $\mathbf{v}$ in V $L(\mathbf{v})$ liefert. Beachten Sie, daß wenn $\mathbf{v} = a_1\mathbf{b}_1 + \cdots + a_5\mathbf{b}_5$ gilt, dann ist $L(\mathbf{v}) = a_1\mathbf{d}_1 + \cdots + a_5\mathbf{d}_5$.

Im nachfolgendem Beispiel werden zwei Mengen von Vektoren, $\mathbf{b}_1, \ldots, \mathbf{b}_5$ und $\mathbf{d}_1, \ldots, \mathbf{d}_5$ in R^7 angegeben. Die Vektoren $\mathbf{b}_1, \ldots, \mathbf{b}_5$ bilden eine Basis für den von ihnen aufgespannten Unterraum V.

```
for j to 5
    do
        b.j:=vector(7,i->min(i,j))
    od;
for j to 5
    do
        d.j:=vector(7,i->sum(r,r=max(j-i+1,0)..j))
    od;
```

Wenn $\mathbf{v} = a_1\mathbf{b}_1 + \cdots + a_5\mathbf{b}_5$ ein beliebiger Vektor in V ist, dann können Sie die Koeffizienten $a_1, a_2, \ldots, a_5$ erhalten, indem Sie `linsolve` mit der erweiterten Matrix $B = [\mathbf{b}_1, \ldots, \mathbf{b}_5]$ anwenden.

```
B:=augment(seq(b.i,i=1..5));
v:=vector([1,7,9,4,2,2,2]);
a:=linsolve(B,v);
```
Vielleicht erinnern Sie sich daran, daß `linsolve(B,u)` keine Antwort, nicht einmal eine Fehlermeldung liefert, wenn ein Vektor $\mathbf{u}$ außerhalb der linearen Hülle von $[\mathbf{b}_1, \ldots, \mathbf{b}_5]$ liegt. Der Vektor $\mathbf{a} = (a_1, a_2, \ldots, a_5)$ wird der Koordinatenvektor von $\mathbf{v}$ bezüglich der Basis $B = \{\mathbf{b}_1, \ldots, \mathbf{b}_5\}$ genannt.

Nun ist $L(\mathbf{v})$ durch $a_1\mathbf{d}_1 + \cdots + a_5\mathbf{d}_5 = D\mathbf{a}$ gegeben, wobei D die erweiterte Matrix $[\mathbf{d}_1, \ldots, \mathbf{d}_5]$ ist.

```
D:=augment(seq(d.i,i=1..5));
w:=evalm(D&*a);
```
Wie Sie sehen, wird dem Resultat der Name $\mathbf{w}$ zugewiesen.

```
L:=x->evalm(D&*linsolve(B,x));
```
Beachten Sie, daß *L* die gleichen Schritte auf jeden beliebigen Vektor anwendet, die auch auf **v** angewendet wurden. Vielleicht wollen Sie dies durch einen Vergleich von $L(\mathbf{v})$ mit **w** überprüfen.

Diese Schritte lassen sich leicht zu einer Prozedur kombinieren.

Orthogonalprojektion

Wenn *U* ein Unterraum von R^n und $\mathbf{v} \in R^n$ ist, dann ist das Element von *U*, das **v** am nächsten ist, die Orthogonalprojektion von **v** auf *U*. Die Orthogonalprojektion eines Vektors **v** in R^n auf den Spaltenraum einer Matrix *A* ist der Vektor **w** mit dem kleinsten Abstand zu **v**, für den die Gleichung $A\mathbf{x} = \mathbf{w}$ eine Lösung hat. Der Vektor **w** ist eindeutig und die Abbildung $\mathbf{v} \to \mathbf{w}$ ist eine lineare Abbildung. Die Lösung der Gleichung $A\mathbf{x} = \mathbf{w}$ der kleinsten Norm wird Lösung (oder „beste Approximation") nach der Methode der kleinsten Quadrate der Gleichung $A\mathbf{x} = \mathbf{v}$ genannt. In Maple wird die beste Approximation der Lösung der Gleichung $A\mathbf{x} = \mathbf{v}$ mit `leastsqrs(A,v)` bezeichnet.

```
R:=randmatrix(5,4);
v:=vector([1,1,1,1,1]);
a:=leastsqrs(R,v);
```
Der Vektor **a** wird so gewählt, daß der Abstand $R\mathbf{a} - \mathbf{v}$ minimal wird.

Mit dem Befehl `leastsqrs` *können Sie eine Näherungslösung für eine Vektorgleichung $A\mathbf{x} = \mathbf{v}$ bestimmen. Falls eine exakte Lösung existiert, so wird diese angegeben.*

```
w:=evalm(R&*a);
```
Der Vektor **w** ist die beste Approximation an **v**, die im Spaltenraum der Matrix *A* liegt. Den Vektor **w** können Sie ebenso als die Summe

$$(\mathbf{v} \cdot \mathbf{r}_1)\mathbf{r}_1 + (\mathbf{v} \cdot \mathbf{r}_2)\mathbf{r}_2 + \cdots + (\mathbf{v} \cdot \mathbf{r}_5)\mathbf{r}_5$$

erhalten, wobei $\{\mathbf{r}_1, \mathbf{r}_2, \ldots, \mathbf{r}_5\}$ eine Orthonormalbasis für den Spaltenraum von *R* ist.

*Mit dem Ergebnis **a** von* `leastsqrs(R,v)` *können Sie die Orthogonalprojektion von **v** auf den Spaltenraum von R berechnen.*

Zusammenfassung

Sie können auf einfache Weise eine Maple Prozedur erstellen, um die Definition einer linearen Abbildung als eine Funktion zu implementieren.

Die symbolischen Fähigkeiten von Maple ermöglichen es, die Standardmatrix einer linearen Abbildung von R^n in R^n zu bestimmen.

Mit `genmatrix` können Sie die Berechnung der Matrix einer linearen Abbildung automatisieren.

Sie können Vektoren in Listen (oder Mengen) konvertieren, wenn Sie den Maple-Befehl `convert` verwenden.

Mit `leastsqrs` erhalten Sie eine Näherungslösung einer Gleichung $A\mathbf{x} = \mathbf{b}$. Falls die exakte Lösung existiert, wird diese angegeben.

Sie können unter Verwendung von `leastsqrs` und der Matrizenmultiplikation die Orthogonalprojektion eines Vektors auf den Spaltenraum einer Matrix berechnen.

Übungen

1. Sei $A = (a_{ij})$ die durch

$$a_{ij} = \begin{cases} 0 & \text{für } i = j \\ 1 & \text{für } i \neq j, \end{cases}$$

definierte 7×7 Matrix. Für jedes $i = 1\ldots 7$ sei $\mathbf{b}_i$ der i-te Zeilenvektor von A und es gelte $\mathbf{c}_i = (i, i+1, i+2, i+3, i+4, i+5, i+6)$. Nehmen wir an, daß T eine lineare Abbildung ist, die $T(\mathbf{b}_i) = \mathbf{c}_i$ für $i = 1\ldots 7$ erfüllt. Bestimmen Sie eine Formel für T und die entsprechende Standardmatrix.

2. Bestimmen Sie den Kern und den Bildraum der linearen Abbildung T aus Übung 1.

3. Gegeben sei eine Basis $B = \{\mathbf{b}_1, \mathbf{b}_2, \ldots, \mathbf{b}_k\}$ für einen Vektorraum V. Jeder Vektor $\mathbf{v}$ in V läßt sich dann durch den eindeutigen Ausdruck

$$\mathbf{v} = a_1\mathbf{b}_1 + a_2\mathbf{b}_2 + \cdots + a_k\mathbf{b}_k$$

darstellen. Das k-Tupel $(a_1, a_2, \ldots, a_k)$ wird der B-Koordinatenvektor von $\mathbf{v}$ genannt. Die Abbildung, die jedem Vektor $\mathbf{v}$ seinen B-Koordinatenvektor zuordnet, ist linear. Sei $B = \{\mathbf{b}_1, \ldots, \mathbf{b}_6\}$ die durch $\mathbf{b}_i[j] = \min(i, j)$ definierte Basis für R^6. Erstellen Sie eine Prozedur `Coord`, die jedem Vektor $\mathbf{v}$ in R^6 seinen B-Koordinatenvektor zuordnet.

4. Bestimmen Sie die Standardmatrix der linearen Transformation `Coord` aus Übung 3.

5. Wenn B und D zwei Basen für einen Vektorraum V sind, dann ist die Abbildung, die dem B-Koordinatenvektor eines jeden Vektors $\mathbf{v}$ den D-Koordinatenvektor von $\mathbf{v}$ zuordnet, linear. Sei B wie in Übung 3 definiert und D die durch $d_j[i] := \text{sum}(r, r = \max(j - i + 1, 0, \ldots, j))$ definierte Basis für R^6. Definieren Sie eine Funktion L, die dem B-Koordinatenvektor eines jeden $\mathbf{v}$ in R^6 den D-Koordinatenvektor von $\mathbf{v}$ zuordet.

6. Bestimmen Sie die Standardmatrix der linearen Transformation L aus Übung 5.

7. Bestimmen Sie die „beste Näherungslösung" der Gleichung $M\mathbf{x} = \mathbf{v}$, wobei $\mathbf{v} = (1, 2, 3, 4, 5)$ und $M = (m_{ij})$ die 5×3 Matrix mit $m_{ij} = 1$ für alle i, j ist.

8. Bestimmen Sie die Orthogonalprojektion des Vektors $\mathbf{v} = (1, 2, 3, 4, 5)$ auf den Spaltenraum der Matrix M in Übung 7.

4.7 Eigenwerte und Eigenvektoren

Eigenwerte und Eigenvektoren, auch als charakteristische Werte und charakteristische Vektoren bekannt, gehören zu den am häufigsten ausgewählten Themen, die üblicherweise im mathematischen Grundstudium untersucht werden. Wenn beispielsweise die Multiplikation mit A die Wirkung der Kräfte eines physikalischen Systems mit Komponenten, die durch den Vektor $\mathbf{v}$ ausgedrückt sind, darstellt und wenn gilt $A\mathbf{v} = \lambda\mathbf{v}$, dann verändern sich alle Komponenten des Systems gleichmäßig. Wenn $\lambda = 1$ gilt, dann ist das System statisch.

In diesem Abschnitt besitzen alle Matrizen rationale Elemente. Daraus folgt, daß die charakteristischen Polynome der betrachteten Matrizen rationale Koeffizienten haben. Es folgt jedoch nicht, daß die Eigenwerte rational sind. Maple ist in der Lage, die Eigenwerte und Eigenvektoren jeder rationalen Matrix zu beschreiben – innerhalb der Grenzen, die durch die zur Verfügung stehende Zeit und Ressourcen gesetzt werden.

```
with(linalg);
alias(ID=&*());
```

Wenn Sie eine neue Session beginnen:

Hier sehen Sie eine 4 × 4 Matrix, die relativ typisch für die normalerweise zum Studium von Eigenwert- und Eigenvektorproblemen verwendeten Matrizen ist.

```
f:=
  proc(i,j)
    if i<3 and j<3
      then min(i,j)
    elif j>=3
      then max(i,j)
    else 0
    fi
  end;
A:=matrix(4,4,f);
```

Berechnen Sie das charakteristische Polynom von A.

```
det(x-A);
```
Maple behandelt die Variable x ohne Wertzuweisung als Skalar.

Maple verfügt auch über Befehle zur Berechnung der charakteristischen Matrix und des charakteristischen Polynoms.

```
charmat(A,x);
p:=charpoly(A,x);
```
Beachten Sie, daß das zweite Argument in jedem Fall angegeben werden muß. Es kann entweder, so wie in diesem Fall, eine unbestimmte Variable oder eine Konstante sein.

Mit dem Befehl solve können Sie die Eigenwerte bestimmen.

```
solve(p=0,x);
```
Die Eigenwerte sind die Terme der wiedergegebenen Folge.

Für die gleiche Operation können Sie alternativ auch den Befehl eigenvals verwenden.

```
eigenvals(A);
lambda:={"};
```
Achten Sie darauf, daß es drei verschiedene Eigenwerte λ_1, λ_2 und λ_3 gibt, zwei mit der Vielfachheit Eins und einen mit der Vielfachheit Zwei; in einer Menge sind es jedoch nur noch drei verschiedene Elemente.

Für jedes i ist der λ_i-Eigenraum der Lösungsraum von $(\lambda_i I - A)\mathbf{x} = 0$.

```
Z:=vector(4,i->0);
linsolve(lambda[1]-A,Z);
```
Diese Anweisungen sind eine Parameterbeschreibung der Vektoren im λ_1-Eigenraum.

Sie können auch den Befehl nullspace verwenden, um eine Basis für den Eigenraum zu erzeugen.

```
nullspace(lambda[1]-A);
```
Die angegebene Menge ist eine Basis des λ_1-Eigenraumes. Sie können den Prozeß auch für die zwei anderen Eigenwerte wiederholen.

```
factor(p);
```
Der Befehl **factor** liefert eine Faktorzerlegung der Form $rp_1^{e_1}p_2^{e_2}\ldots p_k^{e_k}$, wobei r eine rationale Zahl und jedes p_i ein nichtkonstantes Polynom mit ganzen Koeffizienten ist. Die hier aufgezeigte Herangehensweise für A funktioniert für jede (rationale) Matrix, solange keiner der Faktoren p_i des charakteristischen Polynoms dritten Grades oder größer ist.

```
B:=matrix(5,5,f);
p:=det(x-B);
factor(p);
```
Das charakteristische Polynom besitzt zwei Faktoren, einen dritten und einen zweiten Grades.

```
eigenvals(B);
```
Die Komplexität der Beschreibung einer Lösung eines Faktors dritten Grades oder höher mit Wurzeln ist eine Barriere, die die Berechnung der Eigenvektoren von Matrizen, die größer als 2×2 sind, komplizierter gestaltet. Um diese Schranke zu durchbrechen, bietet Maple eine einfachere Darstellung der Lösungen des charakteristischen Polynoms an. Diese funktioniert mit den Befehlen **nullspace** und **linsolve**: Wenn p ein Polynom in x ist, dann ist **RootOf(p,x)** ein Parameter, der für jede Lösung des Polynoms p stehen kann.

```
facts:=factor(charpoly(B,x));
p1:=op(facts)[1];
lambda[1]:=RootOf(p1,x);
```
Der Befehl **op** liefert die Folge von Faktoren. In diesem Fall ist in der Faktorzerlegung $rp_1^{e_1}p_2^{e_2}\ldots p_k^{e_k}$ des charakteristischen Polynoms $r = 1$. Maple vereinfacht somit die Faktorzerlegung zu $p_1^{e_1}p_2^{e_2}\ldots p_k^{e_k}$. **op(facts)[1]** ist somit p_1. Jede Wurzel eines jeden p_i hat die Vielfachheit e_i als Lösung von p.

```
nullspace(lambda[1]-B);
```
Es ist wichtig, nicht zu vergessen, daß die (scheinbar) einzige wiedergegebene Basis tatsächlich drei verschiedene Basen darstellt, eine für jede der drei Lösungen von p_1.

Eine spezielle Eigenschaft der Matrix A ist, daß ihr charakteristisches Polynom keine Faktoren mit einem Grad größer als zwei besitzt.

Im allgemeinen können charakteristische Polynome jedoch Faktoren beliebigen Grades besitzen.

In diesem Fall sind die Beschreibungen der Eigenwerte viel komplizierter.

Der Befehl **RootOf** *wird gewöhnlich auf die Faktoren des charkteristischen Polynoms angewendet. Beachten Sie, daß ein Faktor n-ten Grades genau n (verschiedene, aber möglicherweise komplexe) Wurzeln besitzt.*

Nun kann entweder **nullspace** *oder* **linsolve** *dazu verwendet werden, eine Beschreibung der Eigenvektoren zu erhalten.*

117

Sie können die Schreib-weise erheblich verein-fachen, indem Sie für `RootOf` *eine Variable ohne Wertzuweisung als Alias vereinbaren.*

```
alias(t=lambda[1]);
NS:=nullspace(t-B);
```
Wie Sie sehen, wurde dem Ergebnis der Name NS zugewiesen.

Mit `allvalues` *können Sie, falls dies möglich ist,* `RootOf` *in eine Wurzelform um-wandeln.*

```
all:=allvalues(t);
```
Die Umwandlung in eine Wurzelform ist dann möglich, wenn der Parameter `RootOf` eines Polynoms vierten Grades oder kleiner ist. Im allgemeinen gibt es keine Beschreibung mit Wurzeln für Lösungen eines Polynoms fünften Grades oder größer. Wenn `allvalues` keine Beschreibung mit Wurzeln finden kann, so wird eine Dezimalnäherung der exakten Lösung angestrebt.

Sie können die Wurzel-formen für t auch im Basisvektor (oder in den Basisvektoren) substituieren.

```
ES[1]:=subs(t=all[1],NS);
```
Ähnliche Anweisungen zur Substitution von $t = $ all[2] und $t = $ all[3] in NS liefern die Basen für die zu den beiden anderen Lösungen von p_1 gehörenden Eigenräumen.

Einige Eigenschaften von `RootOf` *sind bemerkenswert:*

```
RootOf(3,x);
RootOf(2*x-3/2,x);
RootOf((x^2-1)^2,x);
```
Im ersten Fall gibt es keine Lösungen. Im zweiten Fall wird die Lösung berechnet und angegeben. Im dritten Fall werden bestimmte Verein-fachungen durchgeführt.

Um alle irrationalen Eigenwerte einer Matrix in der Form `RootOf` *anzuzeigen, können Sie den Befehl* `eigenvals` *mit der Option* `implicit` *verwenden.*

```
eigenvals(A,implicit);
```
Verwenden Sie die Option `implicit`, indem Sie in `eigenvals` als zweites Argument `implicit` angeben.

Sobald Sie `RootOf` näher kennengelernt haben, können Sie die von `eigenvects` angegebenen Ergebnisse interpretieren.

Mit `eigenvects` *können Sie sowohl die Eigenwerte, als auch die Eigenvektoren bestimmen.*

```
C:=matrix(6,6,f);
eigenvects(C);
```
Beachten Sie, daß das Ergebnis eine Folge von Listen ist. Jede Liste hat die Form
$$[\lambda, n, \{\mathbf{v}_1, \mathbf{v}_2, \ldots, \mathbf{v}_s\}],$$

wobei λ ein Eigenwert (entweder eine rationale Zahl oder `RootOf`), n die Vielfachheit von λ als eine Wurzel des charakteristischen Poly-noms und die Menge $\{\mathbf{v}_1, \mathbf{v}_2, \ldots, \mathbf{v}_s\}$ eine Basis für den λ-Eigenraum ist.

Häufig ist es wichtig zu erfahren, ob die Eigenwerte einer Matrix rational, reell oder komplex sind. Liegen die Eigenwerte in Wurzelform vor, so wird Maple mit dem Befehl `evalc` zur Berechnung komplexer Ausdrücke versuchen, diese in der Form $a + bi$, mit a und b reell, darzustellen.

```
allc:=evalc([all]);
simplify(");
```

Verwenden Sie `evalc`, *falls Sie überprüfen möchten, ob die Eigenwerte reell sind.*

Wird `evalc` auf eine Liste oder Menge angewendet, so erfolgt dies automatisch auf die entsprechenden Elemente. Dies gilt auch für Listen, jedoch nicht für Folgen oder Arrays.

Denken Sie daran, daß `all` der von `all values(t)` oben wiedergegebene Wert zugewiesen wurde. Die komplexen Terme sind verschwunden; alle Eigenwerte sind reell.

Um weitere Informationen über die Eigenwerte zu erhalten, können Sie auch den Befehl `evalf` anwenden. Es besteht jedoch stets die Möglichkeit, daß Sie durch Rundungsfehler irregeführt werden.

```
evalf(");
```

Verwenden Sie `evalf` *für eine Gleitkommaberechnung.*

Auf eine Menge angewendet, wird `evalf`, wie `evalc`, automatisch auf die Elemente der Menge angewendet.

Vielleicht möchten Sie die Befehle `evalf` und `evalc` in der anderen Reihenfolge ausführen, um eine kleine Auswirkung der Rundungsfehler zu sehen. Für Faktoren fünften Grades oder höher sind außer `RootOf` Gleitkommanäherung und graphische Darstellung die einzigen zur Verfügung stehenden Werkzeuge. In Kapitel 2 wurden Techniken zur Wurzelbestimmung von Polynomen mit Maple ausführlich behandelt.

```
alias(t=t);
```

Beachten Sie, immer wenn der Befehl `alias` ausgeführt wird, werden alle Variablen mit einem Alias aufgelistet.

Der Alias für eine Variable wird rückgängig gemacht, indem Sie im Befehl `alias` *der Variablen ihren eigenen Variablennamen zuweisen.*

Zusammenfassung

Zur Bestimmung der Eigenwerte einer Matrix können Sie entweder den Befehl `factor` oder den Befehl `eigenvals` verwenden. Der Befehl `RootOf` ermöglicht es, die Eigenwerte und Eigenvektoren einer beliebigen rationalen Matrix zu beschreiben. Mit `linsolve` oder `nullspace` bestimmen Sie die zu einem bestimmten Eigenwert gehörenden Eigenvektoren. Verwenden Sie den Befehl `allvalues`, um, falls möglich, `RootOf` in Wurzelausdrücke umzuwandeln. Sind exakte Wurzelangaben nicht möglich, wird eine Gleitkommanäherung angegeben. Mit `evalc` und `simplify` können Sie bestimmen, ob Eigenwerte reell oder komplex sind. Sie können `evalf` zum gleichen Zweck verwenden, es ist jedoch ratsam, zuerst `evalc` zu benutzen.

Übungen

1. Bestimmen Sie alle Eigenwerte und Eigenvektoren der 9×9 Matrix $A = (a_{ij})$, mit $a_{ij} = 1$ für alle i und j.

2. Finden Sie alle Eigenwerte und Eigenvektoren der Begleitmatrix des Polynoms

$$p = 1 - x + x^2 - x^3 + x^4.$$

Bestimmen Sie, welche der Eigenwerte rational, reell oder komplex sind.

3. Finden Sie die Eigenwerte und Eigenvektoren der 4×4 Matrix $B = (b_{ij})$, wobei für alle i und j b_{ij} die kleinere Zahl von i und j ist. Bestimmen Sie, welche der Eigenwerte rational, reell oder komplex sind.

4. Finden Sie die Eigenwerte und Eigenvektoren der 3×3 Matrix $Q = (q_{ij})$, wobei für alle i und j $q_{ij} = i/j$ ist. Bestimmen Sie, welche der Eigenwerte rational, reell oder komplex sind.

4.8 Diagonalisierung und Ähnlichkeit

Bei der Diagonalisierung ergeben sich zwei Probleme. Das erste besteht darin, zu bestimmen, ob eine gegebene Matrix A diagonalisierbar (d.h. ähnlich einer Diagonalmatrix) ist. Ist dies der Fall, dann möchten Sie vielleicht auch eine diagonalisierende Matrix P (d.h. eine invertierbare Matrix P, die $P^{-1}AP = D$ erfüllt, wobei D eine Diagonalmatrix ist) bestimmen. Denken Sie daran, daß eine $n \times n$ Matrix A genau dann diagonalisierbar ist, wenn sie n linear unabhängige Eigenvektoren besitzt. Dies wiederum ist äquivalent zu der Bedingung, daß für jeden Eigenwert λ von A, die Dimension des λ-Eigenraumes gleich der Vielfachheit von λ als Lösung des charakteristischen Polynoms ist. Die Beschränkung auf rationale Matrizen gilt auch weiterhin.

Diagonalisierung

```
with(linalg);
alias(ID=&*());
```

Geben Sie die folgenden Anweisungen ein, falls noch nicht geschehen:

```
f:=
   proc(i,j)
      if i=j
         then 0
      else 1
      fi
   end;
A:=matrix(9,9,f);
```

Die Matrix A ist ein gutes und einfaches erstes Beispiel.

```
eigsys:=eigenvects(A);
```
Die Basis für den *i*-ten Eigenraum ist die dritte Komponente von **eigsys[i]**. Beachten Sie, daß die Dimension des λ-Eigenraumes für jeden Eigenwert λ gleich der Vielfachheit von λ als Lösung des charakteristischen Polynomes ist.

Die Matrix A ist symmetrisch und demzufolge diagonalisierbar. Die Diagonalisierbarkeit ist auch aus dem Ergebnis von **eigenvects** *ersichtlich.*

```
ES[1]:=eigsys[1][3];
ES[2]:=eigsys[2][3];
```

Die Basisvektoren des Eigenraumes werden zur Bildung einer diagonalisierenden Matrix verwendet.

```
P:=augment(op(ES[1]),op(ES[2]));
```
Der Befehl **op** liefert die Inhalte der Mengen als Folgen. Zwei durch ein Komma getrennte Folgen bilden eine Folge, somit wendet dieser Befehl **augment** auf die Folge von Eigenvektoren in den Basen an.

Mit **op** *und* **augment** *können Sie die diagonalisierende Matrix erzeugen.*

```
evalm(inverse(P)&*A&*P);
```
Die Eigenwerte erscheinen in der Diagonalen, entsprechend der Ordnung der Vektoren in *P*. Vielleicht möchten Sie dieses Ergebnis mit dem vergleichen, das Sie erhalten, wenn Sie in der Definition von *P* die Rollen von *ES*[1] und *ES*[2] vertauschen.

Da weder in A, noch in P sehr komplizierte Ausdrücke vorkommen, kann Maple überprüfen, daß $P^{-1}AP$ diagonal ist.

```
g:=
   proc(i,j)
      if i=1 and j=1
         then -1
      elif i<2
```

Die hier definierte Matrix B bereitet Schwierigkeiten, auf die wir beim Diagonalisieren von A nicht gestoßen sind.

```
        then 0
    else max(i,j)
      fi
  end;
B:=matrix(5,5,g);
```

In der Regel werden Sie
wahrscheinlich
eigenvects *anwenden*
wollen.

```
eigsys:=eigenvects(B);
```

Es ist offensichtlich, daß es in keinem Basisvektor des zum Eigenwert −1 gehörenden Eigenraumes komplexe Komponenten gibt. Die
Situation bezüglich der anderen Eigenvektoren ist jedoch weniger eindeutig.

Um die von
eigenvects *wiederge-*
gebenen Beschreibungen
zu vereinfachen, ist es
ratsam, jedem in einem
Eigenvektor vorkom-
menden **RootOf** *einen*
alias *zu geben.*

```
alias(t=RootOf(x^4-14*x^3-45*x^2-29*x-5,x));
eigsys;
```

Wenn Ihr System ein anderes **RootOf** liefert, so verwenden Sie dieses
anstatt dem hier aufgeführten. Je nach System können Sie vielleicht
den Ausdruck **RootOf** vom Ergebnis des Befehls **eigenvects** kopieren
und in den Befehl **alias** einfügen.

Die Berechnung der an-
deren Eigenräume un-
terscheidet sich gering-
fügig von der Berech-
nung des Eigenraumes
von A für $\lambda = -1$.

```
ES[1]:=eigsys[1][3];
```

Einer der Eigenwerte hat die Form **RootOf**; in unserem Fall der zweite. Ist die Reihenfolge der von **eigenvects** gelieferten Ergebnisse in
Ihrem Fall anders, so werden Sie die Indizes entsprechend anpassen
müssen.

Wir nehmen an, daß
Sie die **RootOf** *'s in eine*
Wurzelform überführen
möchten, um die
diagonalisierende
Matrix zu beschreiben.

```
all:=allvalues(t);
```

Die Umwandlung ist nicht immer möglich, aber in diesem Fall ist sie
durchführbar und auch wünschenswert.

Die Basen für die zwei
anderen Eigenräume
können Sie einfach mit
subs *bestimmen.*

```
ES[2]:=subs(t=all[1],eigsys[2][3]);
ES[3]:=subs(t=all[2],eigsys[2][3]);
ES[4]:=subs(t=all[3],eigsys[2][3]);
ES[5]:=subs(t=all[4],eigsys[2][3]);
```

Sie können nun die dia-
gonalisierende Matrix
in derselben Weise wie
für A erzeugen.

```
Q:=augment(op(ES[1]),op(ES[2]),op(ES[3]),
    op(ES[4]),op(ES[5]));
```

```
Q:=augment(seq(op(ES[i]),i=1..5));
```
Was „mehrere" bedeutet, ist subjektiv; dieses Verfahren ist kürzer, als jenes, mit dem Q definiert wurde. Die Matrix Q diagonalisiert B. Aber der Computer benötigt zur Berechnung von $Q^{-1}BQ$ wahrscheinlich viel zu viel Zeit. Dies ist der Komplexität der Elemente zu verdanken.

Um sich etwas Arbeit beim Eingeben zu ersparen, können Sie bei Matrizen mit mehreren Eigenräumen den Befehl seq *verwenden.*

Ähnlichkeit und Smith-Form

Zwei (quadratische) Matrizen A und B sind *ähnlich*, wenn B die Form $P^{-1}AP$ hat, und dies ist – überraschenderweise – genau dann der Fall, wenn ihre charakteristischen Matrizen $xI - A$ und $xI - B$ *äquivalent* sind (d.h. genau dann, wenn $xI - B$ aus $xI - A$ durch eine Folge elementarer Zeilen- und Spaltenoperationen erhalten werden kann.) Jede Matrix M mit Polynomelementen kann in eine äquivalente Diagonalmatrix $S = \mathrm{diag}(1, \ldots, 1, p_1, p_2, \ldots, p_k, 0, \ldots, 0)$ umgewandelt werden, wobei für alle i p_i ein nichtkonstanter Faktor von p_{i+1} ist. Die Matrix S ist eindeutig durch M bestimmt und wird die *Smith-Form* von M genannt. Zwei Matrizen sind genau dann äquivalent, wenn sie die gleiche Smith-Form haben. Folglich sind zwei numerische Matrizen A und B genau dann ähnlich, wenn ihre charakteristischen Matrizen $xI - A$ und $xI - B$ die gleiche Smith-Form besitzen. (Um die Operationen umkehrbar zu machen, sind die elemtaren Operationen `mulrow` und `mulcol` auf die Multiplikation mit Skalaren beschränkt. Beachten Sie, daß diese Einschränkung für `addrow` und `addcol` nicht notwendig ist.)

```
M:=matrix(3,3,(i,j)->x^i-j);
smith(M,x);
```

Maple kann die Smith-Form einer beliebigen Matrix mit Polynomelementen berechnen.

```
d:=
   proc(i,j)
     if i<j
        then 0
     else 1
     fi
   end;
G:=matrix(4,4,d);
H:=transpose(G);
smith(charmat(G,x),x);
smith(charmat(H,x),x);
```

Mit der Smith-Form können Sie bestimmen, ob zwei Matrizen ähnlich sind. (Obwohl im Moment vorausgesetzt wird, daß alle Matrizen rationale Elemente haben, bleibt die Theorie nicht auf diesen Fall beschränkt.)

In diesem Fall sind die Smith-Formen der charakteristischen Matrizen gleich, die Matrizen sind somit ähnlich. (Tatsächlich ist jede Matrix ihrer Transponierten ähnlich.)

Ähnlichkeit und Frobenius-Form

Aus dem vorigen Abschnitt über die Smith-Form folgt, daß die Polynome in der Diagonalen der Smith-Form der Matrix $xI - A$ die Matrizen festlegen, die A ähnlich sind. Es ist nicht überraschend, daß die Begleitmatrizen dieser Polynome auch die „Ähnlichkeitsklasse" von A bestimmen. Die Blockdiagonalmatrix F (mit Blöcken, die die Begleitmatrizen dieser nichtkonstanten Polynome sind) wird Frobenius-Form von A genannt. Zwei Vorteile der Frobenius-Form sind hervorzuheben. Der erste ist, daß die Frobenius-Form einer rationalen Matrix rational ist. Eine weiterer Vorteil ist, daß eine Matrix ihrer Frobenius-Form ähnlich ist. Sie können die Frobenius-Form (manchmal auch erste Normalform genannt, obwohl dieser Begriff nicht uniform gebraucht wird) mit dem Befehl **frobenius** bestimmen.

Geben Sie die folgenden Anweisungen ein, falls noch nicht geschehen:

```
with(linalg);
alias(ID=&*());
```

Betrachten Sie die hier definierte Matrix G.

```
d:=
    proc(i,j)
        if i<j
            then 0
            else 1
        fi
    end;
G:=matrix(4,4,d);
```
G ist die gleiche Matrix wie im vorigen Abschnitt.

Berechnen Sie die Frobenius-Form von G.

```
FG:=frobenius(G);
```
In diesem Fall ist die Frobenius-Form die Begleitmatrix des charakteristischen Polynoms.

Vergleichen Sie die Smith-Formen von $xI - G$ und $xI - FG$.

```
smith(x-G,x);
smith(x-FG,x);
```
Wie Sie sehen, sind die Smith-Formen gleich. Eventuell sollten Sie noch das $(4, 4)$-te Element der ersten Matrix ausmultiplizieren. Daraus folgt, daß G und FG ähnlich sind.

Zusammenfassung

Mit `eigenvects` können Sie auf einfache Weise bestimmen, ob eine (rationale) Matrix diagonalisierbar ist. Ist eine Matrix A diagonalisierbar, so können Sie mittels `op` und `augment` aus den von `eigenvects` gelieferten Basen der Eigenräume eine diagonalisierende Matrix P erzeugen. Indem Sie die Smith-Formen ihrer charakteristischen Matrizen vergleichen, können Sie die Ähnlichkeit zweier Matrizen A und B feststellen. Sie können die Ähnlichkeit zweier Matrizen A und B auch bestimmen, indem Sie ihre Frobenius-Formen vergleichen.

Übungen

1. Sei $A = (a_{ij})$ die 5×5 Matrix mit

$$a_{ij} = \begin{cases} i+j-1, & \text{für } i = j, \\ i+j+1, & \text{für } i \neq j. \end{cases}$$

Stellen Sie fest, ob A diagonalisierbar ist, und bestimmen Sie, falls dies so ist, eine diagonalisierende Matrix P.

2. Sei $\mathbf{B} = (\mathbf{b}_{ij})$ die 5×5 Matrix mit

$$b_{ij} = \begin{cases} 2, & \text{für } i = j, \\ 1, & \text{für } i \neq j. \end{cases}$$

Stellen Sie fest, ob B diagonalisierbar ist, und bestimmen Sie, falls dies so ist, eine diagonalisierende Matrix P.

3. Sei $H = (h_{ij})$ die durch $h_{ij} = 1/(i+j-1)$ definierte 4×4 Matrix. Stellen Sie fest, ob H diagonalisierbar ist, und bestimmen Sie, falls dies so ist, eine diagonalisierende Matrix. (H ist die 4×4 *Hilbert-Matrix*.)

4. Angenommen, $p = 1 - x + x^2 - x^3 + x^4$ und $q = 1 - x + x^2$ haben die Begleitmatrizen A_{11} beziehungsweise A_{22}. Sei A die 6×6 Blockmatrix, beschrieben durch

$$A = \begin{bmatrix} A_{11} & 0 \\ 0 & A_{22} \end{bmatrix}.$$

C sei die Begleitmatrix von pq. Zeigen Sie mit den Smith-Formen der charakteristischen Matrizen von A und C, daß A und C ähnlich sind.

5. Zeigen Sie mit den Frobenius-Formen der Matrizen A und C aus Übung 4, daß die Matrizen ähnlich sind.

6. Zeigen Sie für drei zufällig erzeugte 4×4 Matrizen A, daß A und ihre Frobenius-Form F ähnlich sind, indem Sie überprüfen, daß $xI - A$ und $xI - F$ die gleiche Smith-Form haben.

Kapitel 5

Differentialgleichungen

In diesem Kapitel werden die beeindruckenden graphischen, numerischen und symbolischen Eigenschaften von Maple genutzt, um die häufig komplexe Natur von Differentialgleichungen verständlich zu machen.

5.1 Einführung

Die Datei ODE2 enthält eine Anzahl von Routinen, die Sie für die Analyse von Differentialgleichungen benötigen. Da diese Datei nicht Teil von Maple ist, muß sie für jede Session, in der sie eingesetzt werden soll, eingelesen werden. Dieses Verfahren kennen Sie schon aus dem Kapitel „Differential- und Integralrechnung", in dem Sie das student Package mit der Anweisung with(student) geladen haben. Die Datei ODE2 ist nicht Bestandteil der Maple Bibliotheksfunktionen; eine ältere Version ist in der Maple Share Library enthalten. Kopieren Sie die Datei in das Maple- oder Ihr persönliches Verzeichnis. Dann geben Sie folgende Anweisung ein:

Es sind gewisse Vorarbeiten notwendig, um die in diesem Kapitel beschriebenen Routinen einsetzen zu können.

read ODE2;

Dieser Befehl wird für jede Session dieses Kapitels vorausgesetzt. Die Eigenschaften von Maple, in Verbindung mit den in der Datei ODE2 enthaltenen Prozeduren, können dabei helfen, die Struktur von Differentialgleichungen besser zu verstehen. Maple kann explizite Lösungen für viele Differentialgleichungen bestimmen. In Fällen, in denen keine Lösung in geschlossener Form existiert, kann mit einer Vielzahl von numerischen Verfahren eine Näherungslösung gefunden und graphische Informationen zur Verfügung gestellt werden.

Einlesen der Datei ODE2 in eine Maple Session.

Differentialgleichungen erster Ordnung

Betrachten Sie zuerst Differentialgleichungen, die sich in der folgenden Form schreiben lassen:

$$\frac{dy}{dt} \;=\; f(t, y) \qquad\qquad (5.1)$$

Eine Lösung ist eine stetige Funktion von t, die die Gleichung (5.1) erfüllt, wenn sie für y eingesetzt wird. Zuerst müssen Sie aber die Differentialgleichung in ein Format übersetzen, das Maple verarbeiten kann. Maple benutzt die Schreibweise `diff(y(t),t)` für die Ableitung von y nach t. Angenommen, die folgende Differentialgleichung soll gelöst werden:

$$\frac{dy}{dt} \;=\; t + y$$

Geben Sie die Differentialgleichung ein.

```
deq1:=diff(y(t),t)=t+y(t);
```

Der Maple-Befehl zur Lösung von Differentialgleichungen ist `dsolve`.

Lösen Sie $dy/dt = t + y$ mit `dsolve`.

```
deq1sol:=dsolve(deq1,y(t));
```
Diese Eingabe führt zu folgender Ausgabe:

$$deq1sol \quad := \quad y(t) = -t - 1 + e^{t}\_C1$$

In dem Befehl `dsolve` gibt das `y(t)` an, daß die Differentialgleichung für $y(t)$ zu lösen ist. Maple liefert die Lösung mit einer beliebigen Konstanten, die mit _C1 bezeichnet wird.

Immer wenn eine explizite Lösung gefunden wird, liefert Maple eine Gleichung mit $y(t)$ als linke Seite und einem Ausdruck auf der rechten Seite, der die Lösung angibt. Dieser Ausdruck kann für die Bestimmung von Lösungswerten oder zum Erzeugen von Diagrammen genutzt werden. Mit dem Maple-Befehl `rhs` kann auf diesen Ausdruck zugegriffen werden.

Mit `rhs` *greifen Sie auf den Ausdruck zu, der die Lösung definiert.*

```
rh1:=rhs(deq1sol);
```
Es wird nur der Ausdruck angezeigt, der die Lösung definiert. Mit dem Befehl `subs` können Sie Werte für _C1 auf der rechten Seite einsetzen und die sich ergebende Lösung für unterschiedliche Werte von _C1 graphisch darstellen.

```
plot(subs(_C1=1,rh1),subs(_C1=2,rh1),subs(_C1=0,rh1),
   subs(_C1=-1,rh1),subs(_C1=-2,rh1),t=-5..5,y=-5..5);
```
Die Graphen der Lösungen über dem Bereich $-5 < t < 5$ und $-5 < y < 5$ sind unten abgebildet. Auf Ihrem Bildschirm wird jede der fünf Kurven in einer unterschiedlichen Farbe dargestellt.

Sie können unterschiedliche Lösungen für bestimmte Konstantenwerte graphisch darstellen.

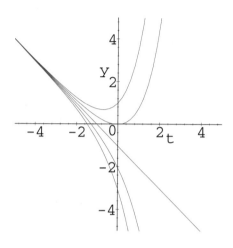

Mehrere Lösungen für $dy/dt = t + y$.

Maple ist auch in der Lage eine Reihe von Anfangswertproblemen zu lösen. Das sind Differentialgleichungen mit einem Anfangswert, wie zum Beispiel $dy/dt = f(t, y)$, $y(t_0) = y_0$.

```
deq2:=diff(y(t),t)=(1-y(t)-sin(t))/cos(t);
deq2init:=y(0)=0;
deq2sol:=dsolve({deq2,deq2init},y(t));
```
Beachten Sie, daß in Maple mit den geschweiften Klammern { und } eine Menge von Objekten bezeichnet wird. In diesem Fall ist es ein Gleichungssystem. Aus Gründen der Konsistenz sollten Sie sich angewöhnen, die Gleichungen und Lösungen zu benennen.

Lösen Sie das Anfangswertproblem
$$\frac{dy}{dt} = \frac{1 - y - \sin(t)}{\cos(t)},$$
$y(0) = 0$.

```
plot(rhs(deq2sol),t=-4..4,y=-3..3);
```

Sie können diese Lösung zeichnen.

Beachten Sie, daß die Lösung nicht für alle t gilt und die Lösung, für die $y(0) = 0$ gilt, streng genommen nur im Intervall $-\pi/2 < t < 3\pi/2$ definiert ist. Zudem zeigt Maple eine Asymptote, die nicht wirklich existiert. Diese Asymptote entsteht durch die Verbindung des Maximalwertes der dargestellten Kurve mit dem Minimalwert.

In einigen Fällen liefert der Befehl **dsolve** eine implizite Lösung, d. h. eine Beziehung zwischen $y(t)$ und t. Beispielsweise liefert Maple eine implizite Lösung bei der Gleichung $dy/dt = -t/y$.

Lösen Sie die Glei-
chung dy/dt = −t/y.

```
deq3:=diff(y(t),t)=-t/y(t);
deq3sol:=dsolve(deq3,y(t));
```
Dies erzeugt die folgende Ausgabe:

$$deq3sol \quad := \quad y(t)^2 = -t^2 + \_C1$$

In einigen Fällen, in denen Maple eine implizite Lösung liefert, kann mit der Anweisung `explicit` im `dsolve` Befehl auch eine explizite Lösung bestimmt werden.

Verwenden Sie **dsolve**
mit der **explicit**
Anweisung, um Maple
zu zwingen, eine
explizite Lösung zu
bestimmen.

```
deq3sol2:=dsolve(deq3,y(t),explicit);
```

In diesem Fall werden zwei Lösungen ausgegeben, auf die Sie mit den Anweisungen `deq3sol2[1]` und `deq3sol2[2]` zugreifen können. Liefert Maple mehr als eine Lösung für ein Anfangswertproblem, muß sorgfältig geprüft werden, ob beide Lösungen gültig sind.

Die Verwendung von `fsolve` in einer Anwendung

Ein Beispiel aus der
Physik soll die
Verwendung der
Maple-Befehl **subs** *und*
fsolve *verdeutlichen.*

Dieser Abschnitt endet mit der Betrachtung eines physikalischen Beispiels. Angenommen, ein Ball wird mit einer Anfangsgeschwindigkeit von 9.8 m/s in die Luft geworfen. Welche Höhe erreicht er und nach welcher Zeit wird er wieder auf den Boden fallen?

Die Bewegung des Balls unterliegt dem zweiten Newtonschen Bewegungsgesetz, das in diesem Fall die bekannte Gleichung $dv/dt = -g$ ergibt, wobei g die Gravitationskonstante $g = 9.8 \, m/s^2$ und v die Geschwindigkeit ist.

Die Position des Balls soll als Höhe in Metern über dem Boden gemessen werden. Nach zweimaliger Integration erhält man für die Anfangsgeschwindigkeit von 9.8 m/s und der Anfangsposition $y = 0$ die folgenden Gleichungen für die Geschwindigkeit $v(t)$ und die Position $y(t)$:

$$v(t) \quad = \quad -9.8t + 9.8$$
$$y(t) \quad = \quad -4.9t^2 + 9.8t$$

Zur Bestimmung, welche Höhe der Ball erreicht, lösen Sie die Gleichung $v(t) = 0$ nach t auf und setzen diesen Wert in die Gleichung für $y(t)$ ein. Sie können leicht feststellen, daß $v(1) = 0$ und $y(1) = 4.9$ ist. Der Ball schlägt bei $y(t) = 0$ auf den Boden auf, dies entspricht $t = 2$. Mit diesem Wert für t ergibt sich die Geschwindigkeit des Balls, wenn er den Boden berührt: $v(2) = -9.8 \, m/s$.

In einem realistischeren Modell soll der Luftwiderstand berücksichtigt werden. Angenommen, der Luftwiderstand sei proportional zur Geschwindigkeit, dann führt das zweite Newtonsche Bewegungsgesetz auf die Gleichung:

Die Berücksichtigung des Luftwiderstands liefert ein besseres Modell.

$$\frac{dv}{dt} = -g - \frac{r}{m}v$$

In dieser Gleichung ist m die Masse von $5\,g$, g ist die Gravitationskonstante von $9.8\,m/s^2$, r der Widerstandskoeffizient von $2\,g/s$, y die Position und v die Geschwindigkeit. Mit Maple können Sie diese Gleichung nach der Geschwindigkeit auflösen.

```
bveq:=diff(v(t),t)=-g-r/m*v(t);
bvinit:=v(0)=v0;
bvsol:=dsolve({bveq,bvinit},v(t));
```

Geben Sie die Differentialgleichung ein und lösen Sie sie.

Die Lösung wird explizit zurückgegeben. Die Geschwindigkeit des Balls ist bestimmt durch

$$v(t) = -\left(gm - e^{-rt/m}(gm + v0r)\right)r^{-1}.$$

Die Position $y(t)$ kann durch Lösen der Differentialgleichung $dy/dt = v(t)$ bestimmt werden. Der Maple-Ausdruck für $v(t)$ ist `rhs(bvsol)`.

```
hpeq:=diff(y(t),t)=rhs(bvsol);
bpinit:=y(0)=y0;
bpsol:=dsolve({bpeq,bpinit},y(t));
```

Bestimmen Sie die Ortsfunktion mit `dsolve`.

Wieder wird eine explizite Lösung geliefert. Einen qualitativen Eindruck für den Einfluß des Luftwiderstands auf den Flug des Balls erhalten Sie durch den Graphen des Weg-Zeit-Diagramms für die Gleichung mit und ohne Luftwiderstand. Um die Lösung graphisch darzustellen, müssen Sie Werte für die Konstanten $g, m, r, v0$, und $y0$ einsetzen.

```
bcons:=g=9.8,m=5,r=2,v0=9.8,y0=0;
plot({subs(bcons,rhs(bpsol)),-4.9*t^2+9.8*t},
    t=0..2,0..5.5);
```

Zeichnen Sie die Ortsfunktion mit und ohne Luftwiderstand.

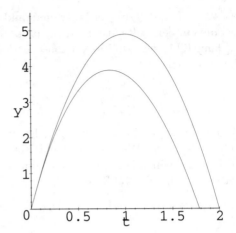

Die Ortsfunktion für den Ball mit und ohne Luftwiderstand.

Mit dem Maple-Befehl `fsolve` sind Sie in der Lage, den Zeitpunkt zu bestimmen, in welchem die Geschwindigkeit Null ist. Sie bestimmen die maximale Höhe, indem Sie das Ergebnis von `fsolve` in den Ausdruck für die Position einsetzen.

Zeit und Höhe des Balls, wenn die Geschwindigkeit Null ist.

```
t1:=fsolve(subs({bcons,v(t)=0},bvsol),t);
maxh:=evalf(subs({t=t1,bcons},bpsol));
```
Es wird die Höhe angezeigt, bei der die Geschwindigkeit Null ist. Analog zur Bestimmung der Geschwindigkeit, mit der der Ball auf den Boden trifft, verwenden Sie den Maple-Befehl `fsolve` und bestimmen damit den Zeitpunkt, an dem die Höhe Null ist. Setzen Sie dann diesen Wert in den Ausdruck für die Geschwindigkeit ein. Beachten Sie, daß `fsolve` einen optionalen dritten Parameter hat, der den Lösungsraum einschränkt, in dem gesucht wird. Damit wird dem Problem begegnet, daß Lösungen geliefert werden, die nicht von Interesse sind.

Zeit und Geschwindigkeit für die Position Null.

```
t2:=fsolve(subs({bcons,y(t)=0},bpsol),t,1.5..2);
evalf(subs({bcons,t=t2},bvsol));
```
Es wird die Geschwindigkeit zu diesem Zeitpunkt angezeigt.

Verifikation von Lösungen

Sie können mit Maple Ihre Lösungen überprüfen.

An diesem Punkt Ihrer Vorlesungen über Differentialgleichungen werden Sie sicherlich den Satz „Sie *müssen* Ihre Lösung durch Wiedereinsetzen in die Differentialgleichung verifizieren" bereits dutzende Male gehört haben. Mit `diff` können Sie Ausdrücke differenzieren und mit `subs` Ihre Lösungen von Maple überprüfen lassen.

Zeigen Sie, daß $y(t) = -e^t + (e^{2t} + 2Ce^{-t})^{1/2}$ eine Lösung der Differentialgleichung

$$\frac{y^2}{2} + 2ye^t + (y + e^t)\frac{dy}{dt} = 0$$

ist.

Eine Lösung, die mit Papier und Bleistift schwierig zu überprüfen ist.

```
eq:=y(t)^2/2+2*y(t)*exp(t)+(y(t)+exp(t))*diff(y(t),t)=0;
sol:=-exp(t)+(exp(2*t)+2*C*exp(-t))^(1/2);
subs(y(t)=sol,eq);
simplify(");
```

Geben Sie die Information für die Verifikation der Lösung ein.

Maple gibt $0 = 0$ aus und zeigt damit an, daß der Ausdruck, der für $y(t)$ in der Differentialgleichung eingesetzt wird, tatsächlich eine Lösung ist. Beachten Sie die Verwendung von %1 in der eingesetzten Gleichung und seine unmittelbar folgende Definition.

Computeralgebrasysteme wie Maple werden immer mehr zuverlässiger. Es ist allerdings recht einfach, eine unsinnige Aufgabenstellung zu ersinnen und diese berechnen zu lassen. Überlegen Sie folgendes:

Die genaue Überprüfung der Arbeit des Computers ist mindestens so wichtig wie die genaue Überprüfung Ihrer eigenen Arbeit.

```
dsolve({diff(y(t),t)=-t/y(t),y(0)=y0},y(t));
```

Sie erhalten die folgenden Lösungen:

$$y(t) = -\sqrt{-t^2 + y0^2}, \qquad y(t) = \sqrt{-t^2 + y0^2}.$$

Eine der beiden Lösungen kann nicht richtig sein! Die Schwierigkeit ist, daß die Lösung von dem Vorzeichen von y0 abhängt. Fachleute werden sicherlich fordern, daß Maple in diesem Fall entweder keine Lösung angibt oder zumindest eine Fehlermeldung ausgibt. Die meisten werden aber darin übereinstimmen, daß die Brauchbarkeit des Systemes deutlich erhöht wird und mehr Informationen herausgezogen werden können, wenn die zwei möglichen Lösungen ausgegeben werden. Die Verantwortung bleibt dann beim Benutzer, der nun überprüfen muß, ob die Lösungen gültig sind, die er erhält.

Übungen

1. Bestimmen Sie mit `dsolve` die allgemeine Lösung für jedes der Anfangswertprobleme a bis e. Zeichnen Sie die Lösung für verschiedene Werte von C.

a. $dy/dt = y$

b. $dy/dt = \frac{1}{2}y + t$

c. $dy/dt = t - y$

d. $dy/dt = 5y - 6e^{-t}$

e. $dy/dt = y^2$

2. Ein Ball wird mit einer Anfangsgeschwindigkeit von $10\,\text{m/s}$ in die Luft geworfen. Angenommen, der Luftwiderstand sei proportional zum Quadrat der Geschwindigkeit mit der Proportionalitätskonstanten 0.2. Bestimmen Sie die maximale Höhe des Balls. Solange die Geschwindigkeit positiv ist, gilt die Gleichung

$$\frac{dv}{dt} = -g - \frac{r}{m}v^2$$

unter der Voraussetzung, daß die positive Richtung nach oben zeigt.

3. In Fortsetzung der Aufgabe 2: Für die negative Geschwindigkeit lautet die Gleichung:

$$\frac{dv}{dt} = -g + \frac{r}{m}v^2$$

Bestimmen Sie die Zeit und die Geschwindigkeit, wenn der Ball auf den Boden trifft, unter Verwendung Ihrer Ergebnisse aus Aufgabe 2 als Anfangsbedingungen in dieser Gleichung.

4. Zeichnen Sie den Ausdruck für die Geschwindigkeit in Aufgabe 3 für den Bereich $t = 0 \ldots 20$. Die Geschwindigkeit scheint einen konstanten Wert zu erreichen. Bestimmen Sie diesen Wert.

5.2   Numerisch-graphische Lösungen

Sie können mit Maple Differentialgleichungen lösen, für die keine geschlossene Form existiert.

In diesem Abschnitt betrachten wir Differentialgleichungen der Form:

$$\frac{dx_1}{dt} = f_1(t, x_1, x_2, \ldots, x_n),$$

$$\frac{dx_2}{dt} = f_2(t, x_1, x_2, \ldots, x_n),$$

$$\vdots$$

$$\frac{dx_n}{dt} = f_n(t, x_1, x_2, \ldots, x_n).$$

Mit der Anfangsbedingung

$$x_1(t_0) = x_1^0, \quad x_2(t_0) = x_2^0, \quad \ldots, \quad x_n(t_0) = x_n^0$$

können Sie eine Lösung in der Nähe von t_0 erwarten, die die Gleichung und die Anfangsbedingungen unter bestimmten Randbedingungen erfüllt. Insbesondere sollten f_i und die partiellen Ableitungen in der Nähe von t_0 stetig sein, auch wenn dies nicht immer zwingend notwendig ist.

Sie werden selbst mit Hilfe von Maple kaum in der Lage sein, eine geschlossene Lösungsform niederzuschreiben. Glücklicherweise ist der Computer sehr gut darin, eine Approximation durchzuführen. Es werden später detailliert einige Algorithmen genannt, mit deren Hilfe eine numerische Approximation für Differentialgleichungen möglich ist. Erinnern Sie sich daran, daß selbst bei so gewöhnlichen Funktionen wie $\sin(t)$ und e^t eine Approximation schwer fällt und nur möglich wird, nachdem Sie den Graph mittels Computerunterstützung gezeichnet haben.

Ein großer Teil der mathematischen Literatur widmet sich der numerischen Lösung von Differentialgleichungen. Viele dieser Algorithmen stehen in Maple zur Verfügung. Sie werden die Maple-Prozedur `orbitplot` zur Darstellung der Lösung von numerischen Approximationen benutzen. Diese Prozedur ist in der Datei `ODE2` enthalten.

Die Maple-Prozedur zum Darstellen der Lösung von Differentialgleichungen heißt `orbitplot`.

Die allgemeine Form der Prozedur ist

```
orbitplot(eq,<options>);
```

`eq` ist eine Differentialgleichung, die in ähnlicher Form eingegeben werden kann, wie auch Differentialgleichungen in `dsolve` eingegeben werden. Es gibt eine Vielzahl von Optionen, die die Erscheinung, die Lösungspräsentation und die Methode zum Lösen von Differentialgleichungen spezifizieren. Zwei Optionen sollten grundsätzlich angegeben werden, dies sind das Intervall, über das die Gleichung integriert werden soll und ein Initialwert.

```
orbitplot([diff(x(t),t)=y(t),diff(y(t),t)=
   -sin(x(t))-0.5*y(t)],t=0..10,init=[0,0,3]);
```

Zeichnen Sie die Lösung für $x' = y$, $y = -x$.

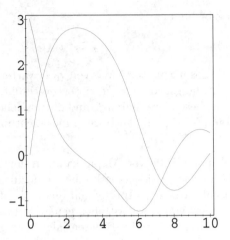

*Die Lösung für $x' = y$,
$y' = -\sin(x) - y/2$.*

Standardmäßig werden die abhängigen Variablen über den unabhängigen aufgetragen. Dies kann mit der **view** Option geändert werden. Die Grundmethode für die numerische Integration einer Differentialgleichung ist ein einfacher Festschritt Runge-Kutta-Algorithmus vierter Ordnung. Das Schema ist einfach und schnell, aber oft erscheinen die Lösungen mit Zacken oder nicht ausreichend mit Punkten belegt. Das Reduzieren des Schrittintervalls mit **stepsize** oder alternativ die Erhöhung der Schrittanzahl über dem Intervall mit **numsteps** lassen den Graph glatter erscheinen und ergeben eine genauere Abschätzung. Benutzen Sie Help für ausführlichere Informationen zu den Optionen.

In vielen Fällen erreicht ein einfacher Festschritt Algorithmus nicht das gewünschte oder versagt völlig. Eine Anzahl von aufwendigeren Methoden mit variablen Schrittalgorithmen sind als Optionen zum **orbitplot** Befehl vorhanden. Die Option **intmethod=besirk** ist eine Methode, die bei einer Vielzahl von Gleichungen hervorragend arbeitet. Diese Methode ist die Arbeit von Hendrick Kooijman und Ross Taylor; die Maple Implementation wurde von Kooijman, Taylor und Schwalbe[1] ausgeführt.

Das folgende Beispiel ist bekannt unter dem Namen „van-der-Pols-Gleichung" und wird benutzt als Modell des Herzschlages. Benutzen Sie einige Optionen und stellen Sie den Raum dreidimensional dar, zusammen mit den Projektionen auf jede Koordinatenebene.

---

[1]Hendrick Kooijman, Daniel Schwalbe, and Ross Taylor, „Solving Stiff Differential Equations and Differential Algebraic Systems with Maple V" (zur Veröffentlichung eingereicht in *Maple Technical Newsletter*, 1995)

Von nun an sollten Sie sich einer kompakteren Notation zum Spezifizieren von Differentialgleichungen bedienen:

$$(t, x_1, x_2, \ldots, x_n) \rightarrow [f_1, f_2, \ldots, f_n]$$

Beachten Sie bitte, daß diese Notation nicht bei `dsolve` verwendet werden kann, da `dsolve` mit gewöhnlichen Gleichungen umzugehen hat und nicht entwickelt wurde, um Gleichungen rein numerisch zu lösen.

```
orbitplot((t,x,y)->[10*(y-x^3/3+x),-0.1*x],
   t=0..100,x=-3..3,y=-2..2,init=[0,1,0.7],
   intmethod=besirk,flowcolor=red,view=[x,t,y],
   projections=[x=-4,t=105,y=-3]);
```

Raumdarstellung der van-der-Pols-Gleichung und Projektionen auf die Koordinatenebenen.

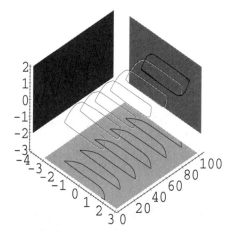

Raumdarstellung und Projektionen von der van-der-Pols-Gleichung.

Die `projection` Option setzt einen grauen Rahmen und erzeugt die Projektion des Raumes auf jede in der Liste angegebene Koordinatenebene. Im vorangegangenen Graphen waren die Koordinatenebenen bei $x = -4$, $t = 105$ und $y = -3$. Es müssen Wertebereiche für die abhängigen Variablen angegeben werden, wenn eine Projektion gewünscht wird.

`orbitplot` kann auch mit mehreren Anfangswerten arbeiten. Eine weitere wichtige Eigenschaft besteht darin, die Richtung der Phasenkurven durch zunehmende Liniendicke zu kennzeichnen. Dies erreicht man durch die Angabe `flowparametricplot` bei der `parametricplot` Option. Diese Idee wurde zum ersten Mal in einem Buch von

Leon Glass und Daniel Kaplan beschrieben[2]. Die Stärke der Visuali-
sierungsmethode besteht darin, daß man nicht nur die Richtung des
Phasenvektors sehen kann, sondern gleichzeitig auch die Geschwindigkeit.

Die Optionen, die das Erscheinungsbild der „fisch-ähnlichen" Formen bestimmen, sind **numsteps** und **segments**. Die **segments** Option legt fest, wieviele Schritte für jeden „Fisch" benutzt werden. Da
flowparametricplot nicht so gut mit numerischen Algorithmen mit
variablen Schrittlängen zusammenarbeitet, wird er zumeist bei dem
Default-Algorithmus eingesetzt.

Das nachfolgende ist ein Standardbeispiel bei dem Studium des Poin-
caré-Bendixson-Theorem.

Beispiel mit
flowparametricplot.

```
orbitplot((t,x,y)->[2*y,2*x-3*x^2-5*y*(x^3-x^2+y^2)],
    t=-3..3,x=-2..2,y=-2..2,
    inits=[seq([0,i/4,0],i=-7..7)],numsteps=200,
    segments=25,bound=true,flowcolor=redscale,
    parametricplot=flowparametricplot,
    background=gray,view=[x,y]);
```

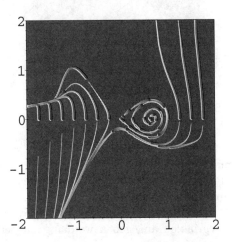

Gestalt eines „Fisches"
zur Visualisierung des
Phasenvektors.

Die Option **flowcolor** bestimmt die Farbe des „Fisches" und kann
entweder einfarbig oder als parametrisierte Prozedur innerhalb einer
Farbskala angegeben werden. In diesem Buch wurde für die Abbildungen des Phasenvektores ein Makro (**redscale**) benutzt, das die
Vektoren von Rot nach Weiß abstuft.

---

[2]Daniel Kaplan and Leon Glass, *Understanding Nonlinear Dynamics* (New
York: Springer, 1995)

5.3 Graphische Prozeduren für Differential-gleichungen erster Ordnung

Richtungsfelder

Von einem geometrischen Standpunkt aus betrachtet, definiert die Gleichung

$$\frac{dy}{dt} = f(t,y)$$

in jedem Punkt der ty-Ebene den Anstieg der Tangente an die Lösung durch diesen Punkt. Mit Maple können Sie für Geradensegmente einer festen Länge durch jeden Punkt eines Punktegitters in der ty-Ebene die Randpunkte berechnen. Diese Geradensegmente können Sie dann graphisch darstellen. Der resultierende Graph wird das *Richtungsfeld* der Differentialgleichung genannt.

Differentialgleichungen erster Ordnung können mit Hilfe eines Richtungsfeldes untersucht werden.

Die Maple-Prozedur zum Berechnen und Zeichnen dieser Geradensegmente wird `directionfield` genannt. Diese Prozedur ist in der Datei ODE2 enthalten, die in die laufende Maple Session eingelesen werden muß, bevor man mit ihr arbeiten kann. Sie benötigt drei Argumente, ihr können weitere optionale übergeben werden.

Die Maple-Prozedur zum Zeichnen eines Richtungsfeldes heißt `directionfield`.

Die allgemeine Form der Prozedur `directionfield` lautet

```
directionfield(f,h,v,<options>);
```

Hierbei muß f eine Maple-Prozedur sein, die die rechte Seite der Gleichung definiert, h ist der horizontale und v der vertikale Bereich der Gitterpunkte, für den die Geradensegmente berechnet werden. Es gibt die Möglichkeit, die Null-Isoklinen berechnen zu lassen. Die Option hierzu lautet `nullclines=true`.

```
eq:=(t,y)->t+sin(2*y);
directionfield(eq,t=-2..2,y=-2..2,nullclines=true);
```

Zeichnen Sie das Richtungsfeld für die Gleichung
$dy/dt = t + \sin(2y)$.

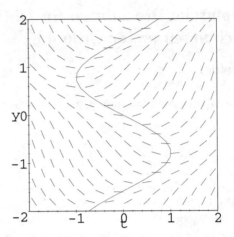

Das Richtungsfeld für
$dy/dt = t + \sin(2y)$.

Beachten Sie, daß die Null-Isokline das Richtungsfeld in Bereiche positiver und negativer Steigung auftrennt.

Maple kann für die Gleichung $dy/dt = t + \sin(2y)$ keine Lösung in geschlossener Form bestimmen. Sie können jedoch mit **directionfield** einige Näherungslösungen skizzieren. Eines der optionalen Argumente für **directionfield** dient zum Festlegen einer Menge von Anfangspunkten. Dies ähnelt der Weise, wie Anfangspunkte bei **orbitplot** spezifiziert werden. Eine numerische Approximierung der Lösung durch jeden Punkt wird standardmäßig unter Verwendung eines numerischen Runge-Kutta-Verfahrens vierter Ordnung gezeichnet. Im Zusammenhang mit dem Zeichnen von Richtungsfeldern werden diese Näherungslösungen als Flußlinien bezeichnet. Anfangspunkte werden häufig mit der Maple Sequenzfunktion **seq** erzeugt.

Sie können Anfangs-
bedingungen für
directionfield
angeben.

```
eq:=(t,y)->t+sin(2*y);
inits:=seq([0,i],i=-2..2):
directionfield(eq,t=-2..2,y=-2..2,{inits});
```

Jetzt können Sie die Flußlinien sehen, die durch die Punkte hindurchlaufen, welche durch die Anfangsbedingungen gegeben sind.

Weitere Optionen für
directionfield.

grid ist die Option für **directionfield**, die kontrolliert, wie viele Gitterpunkte zum Zeichnen des Richtungsfeldes gewählt werden. Ein Argument, wie zum Beispiel **grid=[15,15]**, wird der Argumentenliste für **directionfield** hinzugefügt. Wollen Sie ein Diagramm zeichnen, das Flußlinien und keine Geradensegmente des Richtungsfeldes enthält, so geben Sie **grid=[0,0]** ein.

Im allgemeinen gilt: Je kleiner das verwendete Intervall, desto genauer die Näherungslösung. Die Option `stepsize` für `directionfield` kontrolliert die Länge dieses Intervalls. Ein Argument, wie zum Beispiel `stepsize=0.1`, wird der Liste der Argumente für `directionfield` hinzugefügt. Andererseits können Sie mit der `numsteps` Option angeben, mehr Berechnungsschritte in diesem Intervall durchzuführen. Eine andere Option zur Verkleinerung der Schrittweite ist `iterations`. Mit `iterations=5` wird die Schrittweite um den Faktor 5 reduziert, ohne weitere Punkte zu zeichnen. Die Routine ist wesentlich schneller, wenn die Schrittweite mit der Option `iterations` statt mit der Option `stepsize` verkleinert wird, aber es kann dann sein, daß die Punkte für ein genaues Diagramm zu weit auseinanderliegen.

Eine weitere Möglichkeit besteht wie bei `orbitplot` darin, ein anderes numerisches Verfahren, wie zum Beispiel die Methode der variablen Schrittweite `besirk` durch `intmethod=besirk`, zu wählen.

Das Hinzufügen von Flußlinien zum Flußdiagramm liefert manchmal bessere Hinweise auf die Präsentation der Lösungen. Die Ermittlung der richtigen Schrittweite erfordert einige Versuche. Auf einem langsamen Computer ist es ratsam, mit einer kleinen Zahl von Anfangswerten zu experimentieren.

```
eq3:=(t,y)->-y*tan(t);
init3:={[0,1],[0,2],[0,3],[0,4]}:
directionfield(eq3,t=-6..6,y=-4..4,init3,
   iterations=5,stepsize=0.1);
```

Zeichnen Sie das Richtungsfeld und einige Flußlinien für $dy/dt = -y \cdot \tan(t)$.

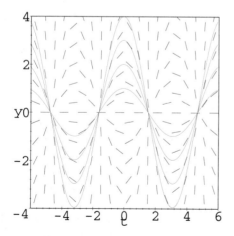

Die Flußlinien für $dy/dt = -y \cdot \tan(t)$

Für alle ganzen Zahlen n strebt jede Lösung gegen Null in dem Maße, in dem sich t gegen $\pi/2 + n\pi$ bewegt. Dies kann mit `dsolve` verifiziert werden, indem man die „exakte" Lösung bestimmt.

Eine gründliche Untersuchung der Gleichungen ist für die Nutzung der graphischen Information nötig.

In einigen Fällen können Sie mit `directionfield` einen groben Eindruck vom Aussehen der Lösungen der Differentialgleichungen erhalten. Sie können viele Parameter und Optionen setzen; in einigen Fällen sind die Ergebnisse aber irreführend. Eine weitere gründliche Untersuchung einiger Gleichungen können Sie durch Betrachtung von Isoklinen erreichen. Eine Isokline ist eine Kurve in der ty-Ebene, längs der der Wert für dy/dt konstant bleibt oder undefiniert ist. Betrachten Sie die folgende Gleichung:

$$\frac{dy}{dt} = \frac{y - 3\sin(t)}{t - 2y}.$$

`directionfield` *mit der Option* `besirk` *ist bei einigen „unangenehmen" Gleichungen sehr brauchbar.*

Wenn Sie `directionfield` mit den vorherigen Werten für die Anfangsbedingungen verwenden, wird die resultierende Graphik ein Durcheinander ergeben, es sei denn, Sie spezifizieren `intmethod = besirk`. Dies liegt daran, daß für $y = t/2$ die Funktion

$$f(t, y) = \frac{(y - 3\sin(t))}{(t - 2y)}$$

undefiniert ist. Jede Lösung, die gegen einen Punkt auf der Geraden $y = t/2$ strebt, ist unstetig; das Runge-Kutta-Verfahren kann dies nicht entdecken.

Die Null-Isoklinen sind durch die Kurve $y = 3\sin(t)$ gegeben. Das heißt, der Anstieg des Richtungsfeldes ist für alle Punkte auf dieser Kurve Null. Die Null-Isokline und die undefinierte Isokline unterteilen die ty-Ebene in verschiedene Regionen. In jeder Region ist die Funktion $f(t, y) = (y - 3\sin(t))/(t - 2y)$ entweder positiv oder negativ.

Der beste Weg, die Isoklinen in ein Diagramm aufzunehmen, ist, die Option `nullclines=true` anzugeben. Dies ist allerdings oft nicht zufriedenstellend, wenn undefinierte Isoklinen vorhanden sind. In diesem Fall empfiehlt es sich, das von Maple gezeichnete Richtungsfeld als benannte `plot` Struktur zu sichern und dann von Maple die Isoklinen in ein separates Diagramm zeichnen zu lassen. Sie können dann die beiden `plot` Strukturen mit dem Maple-Befehl `display` zusammenführen. Dieser Befehl muß mit der Anweisung `with(plots);` eingelesen werden. Sie sollten auch einen Doppelpunkt an das Ende einer jeden `plot` Anweisung setzen, damit Sie den Aufbau der `plot` Struktur nicht auf dem Bildschirm beobachten müssen.

```
eq2:=(t,y)->(y-3*sin(t))/(t-2*y);
inits:=seq(seq([2*i+1,2*j+1],i=-2..1),j=-2..1):
eq2field:=directionfield(eq2,t=-5..5,y=-5..5,
    {inits},intmethod=besirk):
eq2iso:=plot(3*sin(t),t/2,t=-5..5,y=-5..5):
plots[display]({eq2field,eq2iso});
```
Der Graph ist nachfolgend dargestellt.

Zeichnen Sie das Richtungsfeld und einige Isoklinen. Beachten Sie die Plazierung der Doppelpunkte.

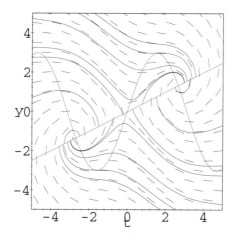

Das Richtungsfeld und einige Isoklinen für
$$dy/dt = \frac{y - 3\sin(t)}{t - 2y}.$$

Eine andere graphische Betrachtungsweise der Differentialgleichungen erster Ordnung ist für autonome Gleichungen möglich. Diese Gleichungen hängen nicht von t ab.

*Autonome Gleichungen können mit **phaseline** dargestellt werden.*

```
eq2:=(t,y)->y*(y-2);
phaseline(eq2,x=-5..5,flowfield=true,flowcolor=redscale);
```

Zeichnen Sie den Phasenraum für die autonome Gleichung $y' = y(y - 2)$.

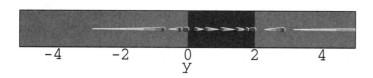

Phasenlinie für $dy/dt = y(y - 2)$.

Übungen

Verwenden Sie die Prozedur **directionfield**, um ein Richtungsfeld für jede der folgenden Gleichungen zu skizzieren. Bestimmen Sie die Isoklinen für jede Gleichung und skizzieren Sie sie mit Papier und Bleistift und mit Hilfe von Maple. Benutzen Sie Maple, um einige Lösungen zu skizzieren.

1. $dy/dt = -t/y$

2. $dy/dt = \sin(4ty)$

3. $dy/dt = 5y - 6e^{-t}$

4. $dy/dt = t/y$

5. $dy/dt = y(y-1)(y+1)$

6. $dy/dt = t + y$

7. $dy/dt = t^2 - y^2$

8. $dy/dt = y + t^2t$

5.4   Numerische Verfahren

Das Eulersche Verfahren

Lösungen von Differentialgleichungen können approximiert werden.

Bei der praktischen Anwendungen von Differentialgleichungen werden Lösungen häufig approximiert, da Lösungen in geschlossener Form nicht immer gefunden werden können. Die einfachste Methode zur Approximation einer Lösung besteht im wesentlichen aus dem Zusammensetzen jener Flußlinien, die Sie bereits für eine Differentialgleichung gezeichnet haben. Betrachten Sie eine Differentialgleichung der Form

$$\frac{dy}{dt} = f(t,y), \quad y(t_0) = y_0.$$

Sie können Näherungslösungen für Differentialgleichungen mit einem numerischen Algorithmus, dem Eulerschen Verfahren, bestimmen.

Um eine Lösung zu approximieren, berechnen Sie die Steigung der Lösung in der Anfangsbedingung und approximieren Sie damit die Lösung durch eine Gerade. Erhöhen Sie dann t um einen festen Betrag, berechnen die Steigung der Lösung im resultierenden Punkt auf der Geraden und wiederholen den Prozeß. Der Betrag, um den t erhöht wird, heißt Schrittweite. Zu einem großen Teil bestimmt die Schrittweite, wie genau die Näherung ist. Dieser Algorithmus ist als Eulersches Verfahren bekannt. Die k-te Iteration dieses Prozesses ist durch die Gleichungen

$$t_{k+1} = t_k + h, \quad y_{k+1} = y_k + hf(t_k, y_k)$$

gegeben, wobei h die Schrittweite und $y_0 = y(t_0)$ die vorgegebene Anfangsbedingung ist.

Wenn Sie über Programmiererfahrung verfügen, wissen Sie, daß das Eulersche Verfahren leicht in vielen Programmiersprachen implementiert werden kann. Maple ist eine einfache, aber dennoch mächtige Programmiersprache, die für die Lösung mathematischer Probleme entworfen wurde. Die Konstruktion in Maple, die sich am besten zur Ausführung der beim Eulerschen Verfahren erforderlichen Iterationen eignet, ist die `for` Schleife, die Sie bereits in früheren Kapiteln kennengelernt haben.

Maple ist eine mächtige Programmiersprache, die speziell für die Programmierung mathematischer Probleme entworfen wurde.

Betrachten Sie die Differentialgleichung $dy/dt = \sin(y)$ mit der Anfangsbedingung $y(0) = 1/3$. Speichern Sie die Berechnungen bei jedem Schritt in den Variablen `tk` und `yk`. Führen Sie zehn Schritte mit einer Schrittweite von 0.2 aus.

```
tk:=0;
yk:=evalf(1/3);
for i from 1 to 10
    do
        yk:=evalf(yk+.2*sin(yk));
        tk:=evalf(tk+.2);
        print(tk,yk);
    od:
```

In Maple programmieren Sie das Eulersche Verfahren mit einer einfachen Schleife.

Der Doppelpunkt nach der Anweisung `od`, die das Ende der `do` Anweisung kennzeichnet, unterdrückt die Ausgabe der Berechnungen, die innerhalb der `do` Schleife ausgeführt werden. Da Maple symbolische Manipulationen ausführt, müssen Sie Maple mit `evalf` zu dezimalen Berechnungen zwingen. In diesem Beispiel sind einige `evalf` Anweisungen überflüssig, aber besser zu viele als zu wenige. Sie können dieses Beispiel ohne `evalf` durchlaufen lassen, um selbst zu sehen, was dann passiert.

Es ist möglich, die Zwischenergebnisse in einer Form zu speichern, in der Sie sie graphisch darstellen oder ausgewählte Werte ausdrucken können. Die Datenstrukturen in Maple sind flexibel und zahlreich. Für einen Punkt verwenden Sie aus Konsistenzgründen eine Datenstruktur, die Sie als `list` kennengelernt haben. Der Punkt $(0, 1, -2)$ des dreidimensionalen Raums wird beispielsweise wie folgt eingegeben:

```
pt:=[0,1,-2];
```

Eine Maple-Liste, die einen Punkt repräsentiert.

Auf die einzelnen Komponenten des Punktes greifen Sie dann mit einem Index in eckigen Klammern zu: `pt[1]=0`, `pt[2]=1` und `pt[3]=-2`. Um die Punkte zu speichern, können Sie in Maple `array` verwenden. Ein Array zur Speicherung der in der obigen Schleife berechneten Punkte deklarieren Sie folgendermaßen:

Die Deklaration eines Arrays in Maple.

```
expts:=array(0..10);
```
Die Komponenten des Arrays werden in diesem Fall von 0 bis 10 indiziert und können mit einem Index in eckigen Klammern erreicht werden. Wenn Sie zum Beispiel in jede Komponente des Arrays **expts** einen Punkt (das ist eine Liste (**list**) mit Zahlen) eingetragen haben, erreichen Sie den ersten Punkt mit **expts[0]** und die zweite Komponente des fünften Punktes mit **expts[4][2]**.

Es ist vorteilhaft und Programmierpraxis, bestimmte Variablen vor dem Schleifendurchlauf zu initialisieren. Dadurch läßt sich das Beispiel einfacher modifizieren und man kann es mit verschiedenen Parametern laufen lassen.

Verwenden Sie eine Schleife, um das Eulersche Verfahren in Maple für die Gleichung $dy/dt = y^2 + t^2 - 1$, $y(-2) = -2$ mit 20 Iterationen der Schrittweite 0.2 zu programmieren.

```
ex:=(t,y)->y^2+t^2-1;
h:=0.2;
n:=20;
tk:=-2.0;
yk:=-2.0;
expts:=array(0..n);
expts[0]:=[tk,yk];
for i from 1 to n
        do
            yk:=evalf(yk+h*ex(tk,yk));
            tk:=tk+h;
            expts[i]:=[tk,yk];
        od:
print(expts);
```
Damit die Punkte, die im Array **expts** gespeichert wurden, gezeichnet werden können, muß der Array in eine Liste konvertiert werden. Dies wird mit dem Maple-Befehl **makelist** erreicht.

*Sie können die Punkte, die im Array **expts** gespeichert wurden, auch zeichnen.*

```
plot({makelist(expts)});
```

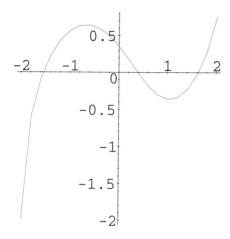

Die Approximation
der Lösung von
$dy/dt = y^2 + t^2 - 1,$
$y(-2) = -2$ *mit dem*
Eulerschen Verfahren bei
einer Schrittweite von 0.2.

Das Speichern der Punkte in einem Array hat einen weiteren Vorteil: Jeder Punkt kann mit der Auswahloperation für Arrays erreicht werden. Der letzte Wert für y, der in diesem Fall die Näherung von $y(2)$ darstellt, wird mit folgender Anweisung ausgedruckt:

```
expts[20][2];
```

Drucken Sie den
Näherungswert für
$y(2)$ *aus.*

Wenn Sie feststellen wollen, wie genau diese Näherung ist, können Sie die Anweisungen mit einer kleineren Schrittweite, einer größeren Anzahl von Iterationen und mit einem *anderen* Namen für den Array zum Speichern der Punkte erneut eingeben. Sie können dann die beiden Näherungswerte voneinander subtrahieren, um eine Vorstellung davon zu bekommen, wie viele Dezimalstellen Genauigkeit Sie haben.

```
ex:=(t,y)->y^2+t^2-1;
h:=0.1;
n:=40;
tk:=-2.0;
yk:=-2.0;
expts2:=array(0..n);
expts2[0]:=[tk,yk];
for i from 1 to n
    do
        yk:=evalf(yk+h*ex(tk,yk));
        tk:=tk+h;
        expts2[i]:=[tk,yk];
    od:
print(expts[20][2]-expts2[40][2]);
```

Lassen Sie die Schleife
für $dy/dt = y^2 + t^2 - 1,$
$y(-2) = -2$ *mit* 40
Iterationen und einer
Schrittweite von 0.1
erneut abarbeiten.

147

Die Differenz zwischen beiden Näherungswerten wird angezeigt. Sie können die Auswirkung der Schrittweitenänderung noch besser veranschaulichen, indem Sie beide Arrays in selben Graphen zusammen mit dem Richtungsfeld darstellen. Sie müssen zwei `plot` Strukturen verwenden, eine für das Richtungsfeld und eine für die berechneten Punkte. Diese werden dann mit der Anweisung `display` kombiniert. Denken Sie daran, einen Doppelpunkt am Ende der `plot` Anweisungen zu setzen.

Zeichnen Sie Graphen der Berechnungen des Eulerschen Verfahrens für unterschiedliche Schrittweiten.

```
exfield:=directionfield(ex,t=-2..2,y=-2..2):
exrkplot:=plot({makelist(expts),makelist(expts2)}):
plots[display](exfield, exrkplot);
```

Der Graph zeigt deutlich, daß die kleine Differenz zwischen den beiden Näherungen bei $t = 2$ irreführend ist.

Übungen

1. Verwenden Sie das Eulersche Verfahren mit einer Schrittweite von $h = 0.1$, um einen Näherungswert für die Lösung bei $t = 1$ bei den Anfangswertproblemen a bis e zu bestimmen. Wiederholen Sie diese Berechnungen mit $h = 0.05$ und $h = 0.025$ und vergleichen Sie die Ergebnisse mit dem tatsächliche Wert von $y(1)$. Stellen Sie für jeden Fall die Ergebnisse zusammen mit dem Richtungsfeld in einem Graphen dar.

a. $dy/dt = y$, $y(0) = 1$

b. $dy/dt = y + t$, $y(0) = 1$

c. $dy/dt = t - y$, $y(0) = 1$

d. $dy/dt = 5y - 6e^{-t}$, $y(0) = 1$

e. $dy/dt = 25y(1 - y)$, $y(0) = 1.3$

2. Verwenden Sie das Eulersche Verfahren mit 10, 20 und 40 Iterationen, um einen Näherungswert für die Lösung am angegebenen Wert von t für die Anfangswertprobleme a und b zu bestimmen. Stellen Sie für jeden Fall die Ergebnisse zusammen mit dem Richtungsfeld in einem Graphen dar.

a. $dy/dt = \sin(4ty)$, $y(\frac{\sqrt{\pi}}{2}) = \frac{\sqrt{\pi}}{2}$, $t = \sqrt{\pi}$. (Verwenden Sie den Maple-Ausdruck `evalf(Pi)` für den Wert von π.)

b. $dy/dt = y^2$, $y(0) = 1$, $t = 1$.

Das verbesserte Eulersche Verfahren

Aus dem Eulerschen Verfahren läßt sich das sogenannte verbesserte Eulersche Verfahren entwickeln. Es ist wie das Eulersche Verfahren ein Einschrittverfahren, aber der Fehler ist proportional zu h^2, wobei h die Schrittweite ist. Die Gleichungen für $dy/dt = f(t, y)$, $y(t_0) = y_0$ sind gegeben durch die Formel

$$t_{k+1} = t_k + h$$
$$y_{k+1} = y_k + \frac{h}{2}\left(f(t_k, y_k) + f(t_k + h, y_k + hf(t_k, y_k))\right)$$

Es ist einfach, die vorherige Schleife anzupassen, um diese Methode zu implementieren.

```
ex:=(t,y)->y^2+t^2-1;
h:=0.2;
n:=20;
tk:=-2;
yk:=-2;
expts3:=array(0..n);
expts3[0]:=[tk,yk];
for i from 1 to n
    do
        yk:=evalf(yk+h/2*(ex(tk,yk)+
                ex(tk+h,yk+h*ex(tk,yk))));
        tk:=tk+h;
        expts3[i] := [tk,yk];
    od:
print(expts3);
```

Die vorherige Schleife an das verbesserte Eulersche Verfahren angepaßt.

Das Runge-Kutta-Verfahren

Es wurde eine Vielzahl von numerischen Verfahren entwickelt. Eines der bekanntesten ist ein Runge-Kutta-Verfahren vierter Ordnung. Die Datei ODE2 enthält eine Maple-Prozedur zur Ausführung der Berechnungen.

Das Runge-Kutta-Verfahren ist ein sehr genaues numerisches Verfahren, das häufig im Ingenieurwesen angewendet wird.

Der Fehler des Runge-Kutta-Verfahrens ist proportional zu h^4, was zu einer rapiden Verkleinerung des Fehlers führt, wenn die Schrittweite reduziert wird. Wegen der Genauigkeit des Verfahrens und der Tatsache, daß jeder Schritt mehrfache Berechnungen erfordert, muß man sorgfältig darauf achten, daß die Rundungsfehler nicht signifikant werden, besonders bei sehr kleinen Schrittweiten. Sie werden diesen Aspekt des Verfahrens am Ende dieses Abschnittes untersuchen.

Die Datei **ODE2** *enthält Implementierungen verschiedener numerischer Verfahren zur Approximation von Lösungen von Anfangswertproblemen.*

Das Eulersche und das verbesserte Eulersche Verfahren wurden ebenfalls in Maple-Prozeduren implementiert. Diese Prozeduren heißen **firsteuler, impeuler** und **rungekutta**. Jede dieser Prozeduren benötigt vier Argumente: den Namen einer Maple-Prozedur, die die rechte Seite der Differentialgleichung definiert, eine Liste der Zahlen für die Anfangsbedingung, die Schrittweite und die Anzahl der auszuführenden Schritte.

Der Code für das Runge-Kutta-Verfahren zur näherungsweisen Berechnung der Lösung der Differentialgleichung $dy/dt = y$, $y(0) = 1$ für $0 \leq t \leq 1$.

```
eq:=(t,y)->y;
eqrkpts:=rungekutta(eq,[0,1],0.2,5);
```

liefert folgendes:

```
eqrkpts:=array(0..5,,[
            0=[0,1.]
            1=[.2,1.221399999]
            2=[.4,1.491817958]
            3=[.6,1.822106454]
            4=[.8,2.225520824]
            5=[1.0,2.718251135]])
```

Die exakte Lösung des Problems $dy/dt = y$, $y(0) = 1$ ist $y(t) = e^t$. Sie sehen, daß der Fehler schon nach fünf Iterationen sehr klein ist.

Berechnen Sie den Fehler des Runge-Kutta-Verfahrens mit fünf Iterationen.

```
evalf(eqrkpts[5][2]-exp(1));
```

Dieser Abschnitt endet mit einem Beispiel, das die Eigenschaften von Maple herausstellt und den Einfluß von Rundungsfehlern auf die Berechnungen untersucht. Es wird wieder das Problem $dy/dt = y$, $y(0) = 1$ betrachtet. Die Lösung dieser Gleichung ist $y(t) = e^t$. Vergleichen Sie den Wert von $y(1)$ bei den Schrittweiten 0.1, 0.01 und 0.001 für jedes Verfahren und mit dem bekannten Wert von e. Bei einer Schrittweite von 0.001 würden 1000 Punkte gespeichert werden, wobei nur der letzte Punkt von Interesse ist. Es gibt ein optionales fünftes Argument für jede der oben angeführten Routinen, das die Schrittweite verkleinert, ohne dabei mehr Punkte zu speichern. Eine 10 an der fünften Stelle verkleinert beispielsweise die Schrittweite um den Faktor 10 und nur jeder zehnte Punkt wird im Array gespeichert. So können Sie für jedes Beispiel eine 1 an dritter und vierter Stelle eintragen und den fünften Eintrag entsprechend verändern, um mehr Iterationen auszuführen. Die Berechnungen werden wie folgt ausgeführt:

```
Digits:=20;
ex:=(t,y)->y;
eu1:=firsteuler(ex,[0,1],1,1,10):
eu2:=firsteuler(ex,[0,1],1,1,100):
eu3:=firsteuler(ex,[0,1],1,1,1000):
im1:=impeuler(ex,[0,1],1,1,10):
im2:=impeuler(ex,[0,1],1,1,100):
im3:=impeuler(ex,[0,1],1,1,1000):
rk1:=rungekutta(ex,[0,1],1,1,10):
rk2:=rungekutta(ex,[0,1],1,1,100):
rk3:=rungekutta(ex,[0,1],1,1,1000):
e:=evalf(exp(1));
print('euler,impeuler,rungekutta');
print(e-eu1[1][2],e-im1[1][2],e-rk1[1][2]);
print(e-eu2[1][2],e-im2[1][2],e-rk2[1][2]);
print(e-eu3[1][2],e-im3[1][2],e-rk3[1][2]);
```

Vergleichen Sie die Ausgabe der numerischen Verfahren für die Gleichung $dy/dt = y$, $y(0) = 1$ für den Wert $y(1)$.

Die Ausgabe dieser **print** Anweisungen ist wie folgt:

euler,	impeuler,	rungekutta
		-5
.12453,	.00420,	.20843 10
		-9
.01346,	.00004,	.22464 10
	-6	-13
.00135,	.45270 10,	.22632 10

Aufstellung der Fehler im Eulerschen, verbesserten Eulerschen und Runge-Kutta-Verfahren für Schrittweiten von 0.1, 0.01 und 0.001.

Die Berechnungen wurden mit einer Genauigkeit von 20 Stellen gemacht. Bei einer Schrittweite von 0.1 ist der **rungekutta** Befehl bereits auf 9 Stellen genau. Sie sehen, daß beim Eulerschen Verfahren die Genauigkeit jedesmal um eine Dezimalstelle zunimmt, wenn h durch 10 dividiert wird. Beim verbesserten Eulerschen Verfahren erhöht sich die Genauigkeit jedesmal um zwei Dezimalstellen. Das Runge-Kutta-Verfahren führte zu einer Erhöhung der Genauigkeit um vier Dezimalstellen nach jeder Division von h durch 10.

Die **rungekutta** Prozedur zeigt eine Genauigkeit von 5 signifikanten Stellen nach bereits 10 Iterationen. Mit der **firsteuler** Prozedur braucht man für die gleiche Genauigkeit rund eine Million Iterationen.

Numerische Verfahren für Gleichungssysteme

Numerische Verfahren für ein System von Differentialgleichungen erster Ordnung sind nicht schwerer zu implementieren, als solche für eine einzelne Gleichung erster Ordnung. Jedoch werden die Punkte für Koordinatensysteme höherer Dimension erzeugt. Für die Berechnung der Phasenkurven in der Prozedur `directionfield` wird ein Runge-Kutta-Verfahren vierter Ordnung verwendet. Mit den Prozeduren `rungekutta` und `besirk` können Sie Lösungen für Gleichungssysteme abschätzen. Sie können die gleiche Syntax wie bei `orbitplot` verwenden. Sind Sie nur an einer Kurvendarstellung interessiert und nicht an aktuellen Werten, dann ist `orbitplot` die beste Wahl. Ein Aufruf der Prozedur `besirk` für ein System zweier Gleichungen erster Ordnung könnte wie folgt aussehen:

```
diffeq:=(t,x,y)->[f(t,x,y),g(t,x,y)];
besirk(diffeq,[t0,x0,y0],t=ti..tf):
```

Diese Prozedur liefert einen Array, wobei jeder Arrayeintrag eine Liste dreier Zahlen enthält, die einen Punkt im dreidimensionalen Raum repräsentieren. Mit der Maple-Prozedur `makelist` können Sie jeweils zwei Koordinaten dieser Punkte zeichnen. Sie geben die Anweisung `makelist(A,m,n)` ein, wobei `A` ein Array mit Listen von Zahlen und `m` und `n` ganze Zahlen sind, die die Position der Koordinaten angeben, die Sie zeichnen wollen. Zum Beispiel wählt `makelist(A,2,3)` die zweite und dritte Koordinate eines jeden Punktes des Arrays `A` aus. Betrachten Sie das folgende Gleichungspaar zweiter Ordnung. Es beschreibt ein Doppelpendel, d. h. ein Pendel, das an einem weiteren aufgehängt ist.

$$
\begin{aligned}
\theta_1'' &= -2\sin(\theta_1) + \sin(\theta_2) \\
\theta_2'' &= -2\sin(\theta_2) + 2\sin(\theta_1)
\end{aligned}
$$

Mit den Variablen $x = \theta_1$, $xp = \theta_1'$, $y = \theta_2$ und $yp = \theta_2'$ können Sie dies in ein System von vier Gleichungen erster Ordnung überführen. Nehmen Sie an, daß sich die Pendel anfangs in Ruhe befinden und dem unteren Pendel ein Stoß von 1/2 Einheit/s versetzt wird.

Lösen Sie die Gleichungen des Doppelpendels.

```
dp:=(t,x,xp,y,yp)->[xp,-2*sin(x)+sin(y),
                    yp,-2*sin(y)+2*sin(x)];
dpinit:=[0,0,0,0,1/2];
dppts:=besirk(dp,dpinit,t=0..30,numpoints = 300):
```

Der Doppelpunkt am Ende der Anweisung `besirk` unterdrückt die Ausgabe der 300 Punkte. Standardmäßig berechnet `besirk` nur einige wenige Punkte, da es sehr effizient arbeitet. Für glatte saubere Graphen kann es aber notwendig werden, daß Sie mehr Berechnungspunkte brauchen. Wenn Sie das erzeugte Punktefeld betrachten wollen, können Sie eine Druckanweisung hinzufügen. Wollen Sie allerdings nur die graphische Ausgabe, so ist dies am einfachsten mit `orbitplot` zu erreichen (siehe Abschnitt „Numerisch-graphische Lösungen"). Es folgt die graphische Darstellung der Näherungslösung für θ_1 über θ_2.

```
plot({makelist(dppts,2,4)});
```
Zeichnen Sie die zweite und vierte Koordinate.

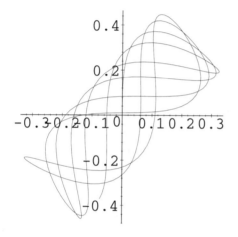

*Ein Diagramm der Lösung des Systems für θ_1 und θ_2, die mit **rungekutta** erzeugt wurde.*

Übungen

1. Verwenden Sie die Prozedur **rungekutta** mit einer Schrittweite von $h = 0.1$ und bestimmen Sie einen Näherungswert für die Lösung am Punkt $t = 1$ aller Anfangswertprobleme a bis d. Wiederholen Sie diese Berechnungen mit $h = 0.05$ und $h = 0.025$ und vergleichen Sie die Ergebnisse mit dem tatsächlichen Wert. Stellen Sie die Ergebnisse zusammen mit dem Richtungsfeld für jeden Fall graphisch dar.

a. $dy/dt = y$, $y(0) = 1$

b. $dy/dt = y + t$, $y(0) = 1$

c. $dy/dt = t - y$, $y(0) = 1$

d. $dy/dt = 5y - 6e^{-t}$, $y(0) = 1$

2. Ein konischer Tank ist 12 m tief, seine offene Oberseite hat einen Radius von 12 m. Anfangs ist der Tank leer. Wasser läuft mit einer Rate von 3 m^3/h ein. Die Wasserverdunstung ist proportional zur Wasseroberfläche, die Proportionalitätskonstante beträgt 0.01 m/h. Ermitteln Sie mit einer Genauigkeit von einer Dezimalstelle mit dem Runge-Kutta-Verfahren die Höhe des Wasserspiegels nach 100 Stunden. Stellen Sie den Wasserstand während der ersten 100 Stunden dar. Bestimmen Sie den Zeitpunkt, zu dem der Tank 6 m Wasser enthielt. Um einen Startwert für **rungekutta** zu erhalten, wird angenommen, daß die Verdunstung in der ersten halben Stunde vernachlässigbar ist.

3. Ein Masse-Feder-Dämpfungszylinder-System wird durch die Gleichung zweiter Ordnung $my'' + cy' + ky = 0$ beschrieben, wobei m die Masse, c die Dämpfungskonstante und k die Federkonstante ist. Zeichnen Sie mit **rungekutta** die Lösungen der Gleichung in der yy'-Ebene für $k = 1$, $m = 1$ und $c = 0, 0.5, 1.0, 1.5, 2$. Verwenden Sie $y'(0) = 1$, $y(0) = 0$ als Anfangswerte und führen Sie je 30 Iterationen mit einer Schrittweite von 0.5 aus.

4. Ein Ball mit der Masse 1 g wird mit einer Anfangsgeschwindigkeit von 10 m/s in die Luft geworfen. Der Luftwiderstand wird proportional zur Geschwindigkeit mit der Proportionalitätskonstanten 2.0 angenommen. Bestimmen Sie mit **rungekutta** die maximale Höhe des Balls und die Geschwindigkeit des Balls, wenn er auf den Boden trifft. Die Höhe des Balls erfüllt die Gleichung zweiter Ordnung

$$my'' = -mg - ry'$$

unter der Annahme, daß die positive Richtung nach oben zeigt.

5. Verwenden Sie dieselben Ausgangsdaten wie in Aufgabe 4, nehmen Sie aber an, daß der Luftwiderstand proportional zum Quadrat der Geschwindigkeit mit der Proportionalitätskonstanten 0.2 ist. Für positive Geschwindigkeit ist die Gleichung

$$my'' = -mg - r(y')^2$$

erfüllt und für die negative gilt

$$my'' = -mg + r(y')^2.$$

Zeichnen Sie ein Weg-Zeit-Diagramm für die Fälle, bei denen der Luftwiderstand proportional zur Geschwindigkeit ist, zum Quadrat der Geschwindigkeit und für den Fall, daß der Luftwiderstand ignoriert wird.

6. Ein langes schweres Seil hängt an einem mit Helium gefüllten Ballon. Die Bewegung des Ballons wird durch die Newtonsche Gleichung beschrieben:

$$\frac{d}{dt}(mv) \;=\; mg + H + R + G$$

y ist die Höhe des Ballons über dem Boden und m die Masse des Seilstückes, das sich über dem Boden befindet (damit ist es also eine Funktion des Ortes). H ist die Kraft, die das Helium auf den Ballon ausübt, R die Kraft des Luftwiderstands, G die Schwerkraft und g die Gravitationskonstante. Nehmen Sie weiterhin an, daß ρ die lineare Dichte des Seiles ist, so daß $m = \rho y$ ist. $R = \lambda v$ ist die Kraft des Luftwiderstands, wobei λ der Widerstandskoeffizient und y_e die Gleichgewichtsposition des Ballons (d.h. $H = y_e \rho g$) ist. Die Schwerkraft ist gegeben durch $G = \rho v^2$. Beachten Sie bitte, daß die Kraft nur zu berücksichtigen ist, wenn der Ballon fällt.

Betrachten Sie die Situation für $g = 9.8\,\mathrm{m/s^2}$, $\rho = 0.25\,\mathrm{kg/m}$, $\lambda = 0.03\,\mathrm{kg/s}$ und $y_e = 2.0\,\mathrm{m}$. Benutzen Sie die Maple-Prozedur **rungekutta** und bestimmen Sie den höchsten Punkt, den der Ballon erreicht und den Zeitpunkt an dem er diese Höhe erreicht.

7. Erweiterung der Aufgabenstellung 4: Wenn der Ball eine zusätzliche horizontale, mit x bezeichnete Position hat und der Luftwiderstand proportional zur Geschwindigkeit, aber entgegengesetzt zur augenblicklichen Bewegungsrichtung angenommen wird, so erhalten Sie die folgenden Gleichungen:

$$\begin{aligned}
mx'' &= -rx'\sqrt{(x')^2 + (y')^2} \\
my'' &= -ry'\sqrt{(x')^2 + (y')^2} - mg
\end{aligned}$$

Nehmen Sie eine Flugbahn von 45 Grad, eine Anfangsgeschwindigkeit von $10\,\mathrm{m/s}$ und einen Widerstandskoeffizienten von 2 an. Bestimmen Sie mit **rungekutta** die maximale Höhe des Balls, den Zeitpunkt zu dem er auf den Boden trifft und die horizontale Flugweite. Vergleichen Sie diese Größen mit dem Flug des Balls ohne Luftwiderstand. Zeichnen Sie die Lösung in der xy-Ebene mit und ohne Luftwiderstand.

8. Eine Eisenmasse ist mit einer Feder verbunden und schwebt über einem Magneten. Die Feder übt auf die Eisenmasse eine Kraft aus, die proportional (Proportionalitätskonstante κ) zur Dehnung bzw. Stauchung der Feder gegenüber ihrer natürlichen Länge ist. Der Magnet übt eine Kraft aus, die umgekehrt proportional (Proportionalitätskonstante μ) zum Abstand zwischen der Masse und dem Magneten ist. Mit $y = 0$ als Position der Masse, wenn die Federkraft gleich dem Gewicht der Masse ist, und d als Abstand des Magneten von dieser Position, läßt sich die folgende Gleichung herleiten:

$$my'' = -\kappa y + \frac{\mu}{d - y}.$$

Skizzieren Sie mit **rungekutta** für die Werte $m = 1$, $\kappa = 1$, $\mu = 20$ und $d = 10$ die Bewegung für y und v, wenn die Masse bis auf $y = 7$ herabgezogen und dann losgelassen wird.

5.5   Der Phasenraum

Das Ziel dieses Abschnitts ist es, qualitative (graphische) Information für Systeme mit zwei Gleichungen erster Ordnung zu erhalten.

Ein allgemeines System zweier Gleichungen erster Ordnung läßt sich folgendermaßen schreiben:

$$\frac{dx_1}{dt} = f_1(t, x_1, x_2), \tag{5.2}$$

$$\frac{dx_2}{dt} = f_2(t, x_1, x_2). \tag{5.3}$$

Die Lösungen sind Kurven im dreidimensionalen Raum.

Lösungen für obige Gleichungssysteme (5.2) und (5.3) beschreiben parametrisch eine Kurve im dreidimensionalen Raum. Diese Lösungskurve ist die Menge der Punkte $(t, x_1(t), x_2(t))$, wobei t das Intervall überstreicht, in dem die Lösung definiert ist. Betrachten Sie das Gleichungssystem

$$x_1' = x_2, \ x_2' = -x_1 - \frac{1}{2}x_2, \ x_1(0) = 0, \ x_2(0) = 1$$

Lösen Sie das Gleichungssystem und zeichnen Sie eine Lösungskurve.

```
deq1:=D(x1)(t)=x2(t);
deq2:=D(x2)(t)=-x1(t)-x2(t)/2;
deqinit:=x1(0)=0,x2(0)=1;
deqsol:=dsolve({deq1,deq2,deqinit},{x1(t),x2(t)});
plots[spacecurve](subs(deqsol,[t,x1(t),x2(t)]),
    t=0..20,axes=NORMAL);
```

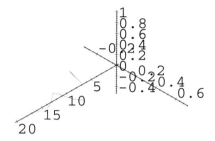

Eine mit der Anweisung **spacecurve** *gezeichnete Lösungskurve.*

Sie können aus dem Diagramm erkennen, daß die Lösung für t gegen Unendlich gegen die t-Achse strebt. Das heißt, daß sowohl x_1 als auch x_2 für diese Kurve gegen Null gehen.

Bei einer Gleichung waren Sie gewohnt, Richtungsfelder zu untersuchen. Bei Gleichungssystemen sind die Richtungsfelder dreidimensional und auf einem Computer-Bildschirm recht schwierig zu veranschaulichen. Viele physikalisch interessante Differentialgleichungen sind zum Glück zeitunabhängig (d.h., f_1 und f_2 im Beispiel zu den Gleichungen (5.2) und (5.3) hängen nicht von t ab). Diese Gleichungen heißen *autonome Differentialgleichungen*.

In dreidimensionalen Systemen sind Richtungsfelder nicht anschaulich.

Bei einem System zweier autonomer Gleichungen erster Ordnung $x' = f(x, y), y' = g(x, y)$ ist der Vektor für jeden Punkt der xy-Ebene unabhängig von der Zeit, diese Vektoren werden Phasenvektoren genannt. Sie können die Phasenvektoren der Lösung in der xy-Ebene darstellen, indem Sie einen Vektor an jedem Punkt eines dichten Netzes zeichnen. Alternativ können Sie kurze Richtungsvektoren an ausgesuchten Punkten der Ebene eintragen, die dann einen Eindruck der Phasenvektoren geben. Dieses Bild kann durch die Ideen von Kaplan und Glass (siehe Abschnitt „Numerisch-graphische Lösungen") verbessert werden, die die Richtung durch zunehmende Linienstärke kennzeichnen.

Die Prozedur `phaseplot` ist in der `ODE2` Datei enthalten und erlaubt beide Darstellungsweisen. Standardmäßig werden Vektoren auf einem Netz gezeichnet, die so skaliert sind, daß die Vektoren im Diagramm nicht ineinanderlaufen. Mit der Option `flowfield=true` werden an zufälligen Punkten „Fisch-Formen" gezeichnet (sie geben Auskunft über die Richtung durch zunehmende Linienstärke). Diese Bilder heißen Phasenportrait des Gleichungssystems.

Die Prozedur **phaseplot** *berechnet und zeichnet Phasenvektoren und Phasenkurven.*

```
eq:=(t,x1,x2)->[x/5+x2,-x-x2/2];
phaseplot(eq,x=-2..2,x2=-2..2,flowfield=true);
```

Zeichnen Sie die Phasenvektoren für ein Gleichungssystem.

157

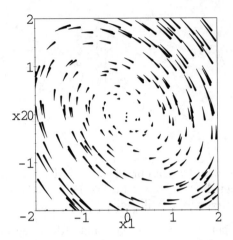

Das Phasenportrait
von $x' = x_1/5 + x_2$,
$y' = -x_1 - x_2/2$.

Das Phasenportrait dieses Systems ähnelt dem Richtungsfeld der Differentialgleichung erster Ordnung:

$$\frac{dx_2}{dx_1} = \frac{-x_1 - x_2/2}{x_1/5 + x_2}$$

Die Steigungen der Phasenvektoren sind gleich den Steigungen der Geradensegmente des Richtungsfeldes.

Sie können diesen Graph mit dem Phasenkurvendiagramm des ersten Beispieles des Abschnitts kombinieren. Sie müssen darauf achten, x_1 entlang der horizontalen Achse und x_2 entlang der vertikalen zu zeichnen, wenn dies die Reihenfolge der Variablen ist, wie sie für die Anweisung `phaseplot` spezifiziert wurde.

Zeichnen Sie die zuvor
bestimmte Lösung
zusammen mit den
Phasenvektoren.

```
orb1:=plot(subs(deqsol,[x1(t),x2(t),t=0..20]),
    x1=-1..1,x2=-1..1):
phasevects:=phaseplot(eq,x1=-1..1,x2=-1..1):
plots[display]({orb1,phasevects});
```

Vergleichen Sie dies mit der Phasenkurve, die Sie vorher mit **spacecurve** gezeichnet haben. Durch entsprechende Drehung können Sie sie in Übereinstimmung mit dem Bild der Phasenkurve im Phasenportrait bringen.

Mit **phaseplot** *können*
Sie Phasenkurven
zeichnen.

Häufig kann keine Lösung in geschlossener Form bestimmt werden. **phaseplot** kann hier mit einer Methode Phasenkurven zeichnen, die der ähnelt mit der in **directionfield** unter Benutzung des Runge-Kutta-Verfahrens oder bei Wahl des **besirk** Verfahrens Lösungen approximiert werden. Die Optionen für **phaseplot** gleichen denen von **directionfield** und **orbitplot**: Sie können

Anfangspunkte für Phasenkurven spezifizieren, die Optionen `grid`, `iterations`, `numsteps` und `stepsize` sind in gleicher Weise implementiert.

Betrachten Sie die folgende Differentialgleichung zweiter Ordnung, die man aus Newtons zweitem Bewegungsgesetz für ein Pendel mit Reibung erhält:

$$\frac{dy^2}{d^2t} = -\sin(y) - 0.2\frac{dy}{dt}$$

y ist hierbei die Auslenkung des Pendels aus der Grundposition im Bogenmaß. Dies führt auf ein System zweier Gleichungen erster Ordnung:

$$
\begin{aligned}
dy/dt &= v \\
dv/dt &= -\sin(y) - 0.2v
\end{aligned}
$$

Im folgenden soll Maple die Null-Isoklinen zeichnen, das sind die Kurven für die $y' = 0$ und $v' = 0$ gilt. Dies teilt die Darstellung in Gebiete, in denen sich das Vorzeichen von y' und v' nicht ändert. Es ergeben sich also Gebiete, in denen nur Richtungen wie rechts oben, links oben, rechts unten oder links unten vorkommen. Zudem werden Farboptionen genutzt, die mit `orbitplot` eingeführt wurden.

```
pend:=(t,y,v)->[v,-sin(y)-0.4*v];
pendinits:=seq(seq([0,2*i,2*j],i=0..2),j=-2..2):
phaseplot(pend,y=-3..10,v=-6..6,t=-2..15,{pendinits},
    parametricplot=flowparametricplot,flowcolor=redscale,
    numsteps=200,segments=25,nullclines=true,
    vectorfield=false,background=gray);
```

Phasenportrait und einige Phasenkurven für die Gleichungen des „Pendels mit Reibung".

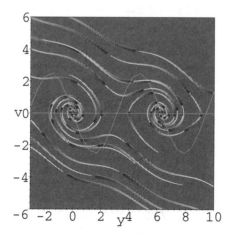

Phasenportrait und Phasenkurven für Pendel-Gleichungen.

159

Für jede ganze Zahl n sind $(n\pi, 0)$ solche Punkte, in denen die Phasenvektoren die Länge 0 haben; sie werden Gleichgewichtspunkte genannt. Sie können sehen, daß jede Lösung in der Nähe der Punkte $(2n\pi, 0)$ gegen diese Punkte strebt. Die Punkte $((2n + 1)\pi, 0)$ sind instabile Gleichgewichtspunkte. Das Studium der Gleichgewichtspunkte ist ein wichtiges Thema der Theorie autonomer Differentialgleichungssysteme. Phasenportraits stellen eine gute Hilfe beim Verständnis dieser und anderer wichtiger Charakteristika autonomer Systeme dar.

Übungen

1. Transformieren Sie die Gleichungen a bis e in ein System zweier Gleichungen erster Ordnung, indem Sie die Substitution $v = dy/dt$ ausführen. Zeichnen Sie mit der Prozedur `phaseplot` ein Phasenportrait für jede Gleichung. Bestimmen Sie die Gebiete, in denen dy/dt und dv/dt positiv und negativ sind und vergleichen Sie diese Informationen mit den von Maple gezeichneten Phasenportraits.

a. $y'' + y' - 2y = 0$

b. $y'' - 3y' + 2y = 0$

c. $y'' - 2y' + y = 0$

d. $y'' - 2y' + 2y = 0$

e. $y'' - 2y' - 2y = 0$

2. Zeichnen Sie für die Gleichungssysteme a bis e ein Phasenportrait. Entscheiden Sie für jeden Gleichgewichtspunkt, ob er stabil ist oder die nahen Phasenkurven gegen den Gleichgewichtspunkt streben.

a. $x' = y^2 - x^2,\ y' = x - 2y$

b. $x' = y^2 - x^2,\ y' = x - \sin(y)$

c. $x' = \sin(y) - x,\ y' = \cos(x) - y$

d. $x' = y^2 + x^2 - 4,\ y' = y^2 - x^2$

e. $x' = \sin(2 * x) - y,\ y' = \cos(2 * x) - y$

5.6   Das Iterationsverfahren von Picard

Der folgende Satz ist beim Studium von Differentialgleichungen maß-
gebend.

Existenz und Eindeutigkeitssatz

*Seien f und $\partial f/\partial y$ in einer Umgebung von (t_0, y_0) stetig. Dann hat
das Anfangswertproblem*

$$\frac{dy}{dt} = f(t, y), \ y(t_0) = y_0$$

eine eindeutige Lösung in einem Intervall um t_0.

Der übliche Beweis dieses Satzes konstruiert eine Funktionenfolge,
und zeigt, daß diese in einem Intervall um t_0 zu einer Lösung konvergiert. Die Gleichungen des Iterationsverfahrens von Picard lauten
wie folgt:

$$
\begin{aligned}
y_1(t) &= y_0 + \int_{t_0}^{t} f(s, y_0)ds, \\[2mm]
y_2(t) &= y_0 + \int_{t_0}^{t} f(s, y_1(s))ds, \\
&\ \ \vdots \\
y_{n+1}(t) &= y_0 + \int_{t_0}^{t} f(s, y_n(s))ds.
\end{aligned}
$$

Die Konvergenz dieser Gleichungen können Sie mit Maple zeigen.
Aus dem Kapitel „Differential- und Integralrechnung" wissen Sie, daß
Maple bestimmte Integrale mit einer unbestimmten oberen Gren-
ze berechnen kann. Dies wird beim Iterationsverfahren von Picard
benötigt. Betrachten Sie das Anfangswertproblem $y' = \sin(t) + y^2$,
$y(0) = 1$:

```
y0:=1;
pic1:=y0+int(sin(s)+y0^2,s=0..t);
pic2:=y0+int(sin(s)+subs(t=s,pic1)^2,s=0..t);
pic3:=y0+int(sin(s)+subs(t=s,pic2)^2,s=0..t);
```

*Berechnen Sie die
ersten drei Gleichungen
von $y' = \sin(t) + y^2$,
$y(0) = 1$.*

Wie Sie sehen, ist jede Gleichung ein Ausdruck in t. In der Differentialgleichung, in der s als unabhängige Variable vorkommt, muß y
durch diesen Ausdruck ersetzt werden.

In der Datei **ODE2** gibt es die Maple-Prozedur **picard**. Sie illustriert das Iterationsverfahren von Picard. Diese Prozedur erfordert drei Argumente: Den Namen der Differentialgleichung, einen Anfangspunkt und die Anzahl der zu berechnenden Gleichungen.

Berechnen und zeichnen Sie die ersten fünf Gleichungen und die Lösung für $y' = -\frac{3y}{t+1}$, $y(0) = 1$.

```
diffeq:=(t,y)->-3*y/(t+1);
diffeqsol:=dsolve({diff(y(t),t)=diffeq(t,y(t)),y(0)=1},
    y(t));
iterates:=picard(diffeq,[0,1],5);
plot({rhs(diffeqsol),iterates},t=0..3,y=-2..2);
```

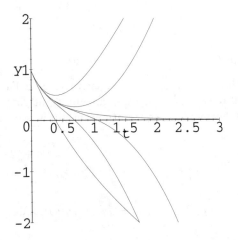

Die Lösung und die ersten fünf Gleichugen des Iteraionsverfahrens von Picard.

Wenn Sie die Graphik betrachten, wird ersichtlich, welche Kurve der Lösung entspricht, da diese für große t gegen Null strebt. Jede nachfolgende Gleichung nähert sich der Lösung weiter an.

Übungen

1. Berechnen Sie mit der Maple-Prozedur **picard** die ersten fünf Gleichungen für das Anfangswertproblem

$$y' = y, \ y(0) = 1.$$

Bestimmen Sie mit Papier und Bleistift die allgemeine Formel für die n-te Gleichung und verifizieren Sie, daß diese gegen die Lösung konvergieren.

2. Berechnen Sie mit der Maple-Prozedur `picard` die ersten fünf Gleichungen für das Anfangswertproblem

$$y' = y/t, \ y(1) = 1.$$

Zeichnen Sie diese Ausdrücke gemeinsam mit der Lösung $y(t) = t$. Bestimmen Sie mit Papier und Bleistift die allgemeine Formel für die n-te Picardsche Iterierte. Konvergieren die Gleichungen gegen die Lösung?

Dieses Beispiel zeigt deutlich, warum das Iterationsverfahren von Picard im allgemeinen keine praktische Methode zur Analyse von Differentialgleichungen darstellt.

5.7 Gleichungen und Systeme höherer Ordnung

Der Maple-Befehl `dsolve` erkennt und löst viele Differentialgleichungen höherer Ordnung. Zuerst müssen Sie wissen, wie Sie Ihre Gleichungen in das Maple-Format transformieren. Zur Darstellung der zweiten Ableitung verwenden Sie (D@@2), für die dritte Ableitung (D@@3) und so weiter. Sie können diese Ableitungen auch durch `diff(y(t),t,t)` und `diff(y(t),t,t,t)` darstellen. Da man mit `diff` Ausdrücke differenzieren kann, ist diese Schreibweise in einigen Fällen vorzuziehen. Es folgen einige Beispiele.

```
deq1:=(D@@2)(y)(t)+2*D(y)(t)+3*y(t)=0;
deq1sol:=dsolve(deq1,y(t));
```
Lösen Sie die Gleichung $y'' + 2y' + 3y = 0$.

Die ermittelte Lösung hat wie erwartet zwei Konstanten _C1 und _C2. Die Form der Lösung sollte Ihnen auch vertraut sein, wenn Sie lineare homogene Differentialgleichungen zweiter Ordnung mit konstanten Koeffizienten kennen.

```
deq2:=t^2*(D@@2)(y)(t)+t*D(y)(t)+(t^2-1)*y(t)=0;
deq2sol:=dsolve(deq2,y(t));
```
Lösen Sie die Gleichung $t^2 y'' + ty' + (t^2 - 1)y = 0$.

Die Lösung wird mit zwei speziellen in Maple-Funktionen angegeben. Diese Funktionen sind in Form von Reihen definiert und Sie werden diese später etwas gründlicher untersuchen.

```
deq3:=y(t)*(D@@2)(y)(t)+(D(y)(t))^2+D(y)(t)+1=0;
deq3sol:=dsolve(deq3,y(t));
```
Lösen Sie die Gleichung $yy'' + (y')^2 + y' + 1 = 0$.

Wenn Maple eine Differentialgleichung nicht lösen kann, antwortet es mit der leeren Zeichenkette, es sei denn, die Gleichung wurde nicht richtig eingegeben. Mit numerischen Verfahren können Sie

Näherungslösungen für viele Gleichungen erhalten, die nicht in geschlossener Form zu lösen sind.

Anfangswertprobleme höherer Ordnung können auch gelöst werden.

Der Maple-Befehl `dsolve` löst auch Anfangswertprobleme höheren Grades. Mit dem Operator D geben Sie die Anfangsbedingungen wie folgt an.

Lösen Sie das Anfangswertproblem
$y'' + 2y' + 3y = \sin(t)$,
$y(0) = 1/4$,
$y'(0) = -1/4$.

```
deq4:=(D@@2)(y)(t)+2*D(y)(t)+3*y(t)=sin(t);
deq4init:=y(0)=1/4,D(y)(0)=-1/4;
deq4sol:=dsolve({deq4,deq4init},y(t));
```

Wenn Sie dieses Problem per Hand mit der Methode der unbestimmten Koeffizienten für Gleichungen mit konstanten Koeffizienten bearbeiten, erhalten Sie eine viel einfacher aussehende Antwort. Die Antworten sind dieselben; aber Maple gelangt zu der Lösung mittels eines anderen Algorithmus.

Der Maple-Befehl `dsolve` kann auch Systeme von Differentialgleichungen lösen. Die Gleichungen werden in Maple als Ausdrucksfolge spezifiziert (d.h., sie werden durch Kommata getrennt).

Lösen Sie das System
$$\frac{dx1}{dt} = -x2,$$
$$\frac{dx2}{dt} = x1.$$

```
sys:=D(x1)(t)=-x2(t),D(x2)(t)=x1(t);
sol:=dsolve({sys},{x1(t),x2(t)});
```

Maple gibt ein Gleichungssystem als Lösung zurück. Auf die Ausdrücke der Lösung können Sie mit der **subs** Funktion zugreifen: **subs(sol,x1(t))** und **subs(sol,x2(t))**

Lösen eines Gleichungssystems mit Anfangswerten.

```
sys2:=D(x)(t)=y(t),D(y)(t)=-16*x(t)+sin(5*t);
init2:=x(0)=0,y(0)=1;
sol2:=dsolve({sys2,init2},{x(t),y(t)});
```

Es wird ein Gleichungspaar zurückgegeben. Für die Lösung von Gleichungssystemen gibt es eine Anzahl von Darstellungsformen, die Sie bei der Lösung heranziehen können.

Zeichnen Sie x und y als Funktion von t für das vorhergehende Beispiel.

```
plot({subs(sol2,x(t)),subs(sol2,y(t))},t=0..4*Pi);
```

Die beiden Kurven entsprechen den Graphen von $x(t)$ und $y(t)$. In einzelnen Anwendungen können Sie durch ein parametrisiertes Diagramm von $x(t)$ in Abhängigkeit von $y(t)$ weitere Kenntnis über das System erhalten.

Zeichnen Sie ein Diagramm von x(t) in Abhängigkeit von y(t) für das vorhergehende Beispiel.

```
plot([subs(sol2,x(t)),subs(sol2,y(t)),t=0..2*Pi]);
```

Vergleichen Sie diesen Graphen mit dem vorherigen. Die Menge der Punkte im dreidimensionalen Raum der Form $(t, x(t), y(t))$, wobei t ein bestimmtes Intervall durchläuft, heißt Lösungskurve des Systems. Die drei Kurven, die Sie gerade gezeichnet haben, liefern alle verschiedene Ansichten einer speziellen Lösungskurve. Maple hat eine andere

Anweisung mit dem Namen `spacecurve`, mit der Sie noch mehr Ansichten einer Kurve im dreidimensionalen Raum zeichnen können. Sie ist im Paket `plots` enthalten. Die Schreibweise ähnelt einem zweidimensionalen parametrischen Diagramm.

```
plots[spacecurve](subs(sol2,[t,x(t),y(t)]),t=0..4*Pi,
    axes=FRAME,numpoints=150);
```

Zeichnen Sie eine Lösungskurve im dreidimensionalen Raum.

Mit den 3D-Optionen können Sie diese Kurve in die drei anderen Ansichten drehen, die Sie bereits gezeichnet haben.

Homogene lineare Systeme mit konstanten Koeffizienten

Ein wichtiger Spezialfall der Differentialgleichungssysteme sind lineare homogene Systeme mit konstanten Koeffizienten. Viele physikalische Systeme werden mit linearen Systemen modelliert. Noch wichtiger aber ist, daß die Theorie der Stabilität von allgemeinen Gleichungssystemen auf der Stabilität von linearen homogenen Systemen mit konstanten Koeffizienten der folgenden Form basiert:

Das Maple-Package `linalg` *ist beim Lösen linearer Systeme mit konstanten Koeffizienten nützlich.*

$$\frac{dx_1}{dt} = a_{11}x_1 + a_{12}x_2 + \cdots + a_{1n}x_n$$

$$\frac{dx_2}{dt} = a_{21}x_1 + a_{22}x_2 + \cdots + a_{2n}x_n$$

$$\vdots$$

$$\frac{dx_n}{dt} = a_{n1}x_1 + a_{n2}x_2 + \cdots + a_{nn}x_n$$

Es ist zweckmäßig, eine kompaktere Schreibweise zu übernehmen, die direkt auf den Typ der Berechnungen führt, die Sie mit dem System ausführen werden. Die Schreibweise wurde im Kapitel „Lineare Algebra" eingeführt.

$$\mathbf{x}(t) = \begin{bmatrix} x_1(t) \\ x_2(t) \\ \vdots \\ x_n(t) \end{bmatrix}, \quad \mathbf{A} = \begin{bmatrix} a_{11} & a_{12} & \cdots & a_{1n} \\ a_{21} & a_{22} & \cdots & a_{2n} \\ \vdots & \vdots & & \vdots \\ a_{n1} & a_{n2} & \cdots & a_{nn} \end{bmatrix}$$

Mit dieser Schreibweise wird das System der Differentialgleichungen wie folgt geschrieben:

$$\mathbf{x}' = \mathbf{A}\mathbf{x}$$

Eine Lösung wird jetzt als vektorwertige Funktion angegeben. Die Menge der Komponenten einer vektorwertigen Lösung wird eine Lösung des ursprünglichen Systems sein. Hierfür werden zwei Sätze aus der Theorie der linearen homogenen Systeme mit konstanten Koeffizienten benötigt.

Existenz und Eindeutigkeitssatz für lineare homogene Systeme

Es existiert eine und nur eine Lösung des Anfangswertproblemes

$$\mathbf{x}' = \mathbf{A}\mathbf{x}, \quad \mathbf{x}(t_0) = \mathbf{x}^0 = \begin{bmatrix} x_1^0 \\ x_2^0 \\ \vdots \\ x_n^0 \end{bmatrix}$$

und diese Lösung existiert für $-\infty < t < \infty$.

Vektorraumsatz für lineare homogene Systeme

Die Lösungen eines Systems von n homogenen linearen Differential-gleichungen mit konstanten Koeffizienten bilden einen Vektorraum der Dimension n.

Dies sind sehr wichtige Ergebnisse. Damit können Sie nach Lösungen für das System suchen und haben ein Kriterium, wann diese Suche beendet ist. Sie beginnen die Suche, indem Sie nach Lösungen der Form $\mathbf{x}(t) = e^{\lambda t}\mathbf{v}$ suchen, wobei $\mathbf{v}$ ein konstanter Vektor ist. Beachten Sie, es gilt:

$$\frac{d}{dt}\left(e^{\lambda t}\mathbf{v}\right) = \lambda e^{\lambda t}\mathbf{v}$$

$$\mathbf{A}(e^{\lambda t}\mathbf{v}) = e^{\lambda t}\mathbf{A}\mathbf{v}$$

Es folgt, daß $\mathbf{x}(t) = e^{\lambda t}\mathbf{v}$ genau dann eine Lösung ist, wenn

$$e^{\lambda t}\mathbf{A}\mathbf{v} = \lambda e^{\lambda t}\mathbf{v}.$$

Nach Division durch $e^{\lambda t}$ sehen Sie, daß λ und $\mathbf{v}$ die Gleichung $\mathbf{A}\mathbf{v} = \lambda\mathbf{v}$ erfüllen müssen. Sie erinnern sich, daß in diesem Fall $\mathbf{v}$ der zum Eigenwert λ zugehörige Eigenvektor der Matrix $\mathbf{A}$ ist. Sie wissen auch, daß λ eine Wurzel des charakteristischen Polynoms von $\mathbf{A}$ ist. Der Eigenraum von λ ist der Unterraum aller zu λ gehörigen

Eigenvektoren. Sie sahen im Kapitel 4, daß Maple die Eigenvektoren und Eigenwerte von Matrizen bestimmen kann. Informieren Sie sich gegebenenfalls im Kapitel 4 über lineare Algebra über die Eingabe von Matrizen und die Bestimmung von Eigenwerten und Eigenvektoren in Maple. Betrachten Sie das folgende Beispiel:

$$\mathbf{x'} = \begin{pmatrix} 1 & -1 & 4 \\ 3 & 2 & -1 \\ 2 & 1 & -1 \end{pmatrix} \mathbf{x} \tag{5.4}$$

```
with(linalg):
A:=matrix(3,3,[1,-1,4,3,2,-1,2,1,-1]);
eigsA:=eigenvects(A);
```
Bestimmen Sie mit Maple die Eigenvektoren der Matrix.

In diesem Fall liefert Maple die folgenden drei Listen:

```
eigsA:=[1,1,[-1,4,1]],
   [-2,1,[-1,1,1]],
   [3,1,[1,2,1]];
```

Erinnern Sie sich, daß die erste Komponente einer jeden Liste ein Eigenwert ist, die zweite Komponente ist die Vielfachheit des Eigenwertes für das charakteristische Polynom von **A** und die dritte Komponente ist eine Menge von Eigenvektoren, die den Eigenraum des Eigenwertes aufspannen. Im vorliegenden Fall fanden Sie drei Eigenwerte, von denen jeder einen Eigenraum der Dimension 1 hat. Aus einem Satz der linearen Algebra folgt, daß die drei Eigenvektoren linear unabhängig sind. Daraus folgt, daß die aus den drei Eigenwerten konstruierten Lösungen linear unabhängig sind. Deshalb können Sie nach dem Vektorraumsatz die allgemeine Lösung aus diesen drei Lösungen konstruieren.

```
solA:=evalm(
   C1*exp(eigsA[1][1]*t)*eigsA[1][3][1]+
   C2*exp(eigsA[2][1]*t)*eigsA[2][3][1]+
   C3*exp(eigsA[3][1]*t)*eigsA[3][3][1]);
```
Bestimmen Sie die allgemeine Lösung der Gleichung (5.4).

Sie können diese Lösung mit der vergleichen, die vom Maple-Operator **dsolve** erzeugt wird.

```
eq1:=D(x1)(t)=x1(t)-x2(t)+4*x3(t);
eq2:=D(x2)(t)=3*x1(t)+2*x2(t)-x3(t);
eq3:=D(x3)(t)=2*x1(t)+x2(t)-x3(t);
dsolve({eq1,eq2,eq3},{x1(t),x2(t),x3(t)});
```
Bestimmen Sie die allgemeine Lösung der Gleichung (5.4) mit **dsolve**.

Die Antworten sehen unterschiedlich aus, aber Sie sollten in der Lage sein zu verifizieren, daß sie tatsächlich dieselbe allgemeine Lösung angeben.

Komplexe Eigenwerte komplizieren die Sachlage etwas.

Wenn λ ein komplexer Eigenwert mit dem komplexen Eigenvektor **v** ist, dann ist $\mathbf{x}(t) = e^{\lambda t}\mathbf{v}$ eine komplexe Lösung der Differentialgleichung. Aus der Tatsache, daß komplexe Lösungen als konjugierte Paare auftreten, folgt, daß die Real- und Imaginärteile einer komplexen Lösung reelle Lösungen sind. Maple kann mit `Re` und `Im` aus komplexen Zahlen die Real- und Imaginärteile extrahieren.

Bestimmen Sie die Eigenvektoren der Matrix.

```
B:=matrix(3,3,[1,2,-1,0,1,1,0,-1,1]);
eigsB:=eigenvects(B);
```
Wenn Sie diese Anweisungen eingeben, erhalten Sie die folgende Ausgabe. Beachten Sie, daß jedesmal, wenn Sie die Gleichungen eingeben, die Reihenfolge der Eigenwerte unterschiedlich sein kann.

$$
B := \begin{bmatrix} 1 & 2 & -1 \\ 0 & 1 & 1 \\ 0 & -1 & 1 \end{bmatrix}
$$

```
eigsB:=[1,1,[1,0,0]],
        [1+I,1,[-1-2I,1,I]],
        [1-I,1,[-1+2I,1,-I]]
```

Die Reihenfolge der Ausgabeterme der vorstehenden Anweisungen ist für das folgende wichtig. Der erste angegebene Eigenwert ist reell. Damit existiert eine reelle Lösung. Der zweite und dritte Eigenwert ist komplex. Mindestens einer führt zu einer komplexen Lösung, aus der man zwei reelle durch Benutzung des Real- und Imaginärteils gewinnen kann.

Konstruieren Sie eine Lösung aus dem reellen Eigenwert.

```
sol1:=exp(eigsB[1][1]*t)*eigsB[1][3][1];
comsol:=exp(eigsB[2][1]*t)*eigsB[2][3][1];
sol2:=Re(comsol);
sol3:=Im(comsol);
```
`sol2` und `sol3` sehen nicht wie reellwertige Funktionen aus. Der Grund hierfür ist, daß Maple nicht automatisch Vektormultiplikationen und Vereinfachung komplexer Zahlen vornimmt. Mit `evalc` nach Einsatz von `evalm` werden die Multiplikationen über den Vektor durchgeführt und die Lösungen in einer besseren Form ausgegeben.

Konstruieren Sie die allgemeine Lösung und benutzen Sie `evalm` und `evalc` um die Lösung zu berechnen.

```
solB:=map(evalc,evalm(C1*sol1+C2*sol2+C3*sol3));
```
Die allgemeine vektorwertige Lösung der Differentialgleichung wird zurückgegeben.

Sie erhalten auch dann n Lösungen der Form $\mathbf{x}(t) = e^{\lambda t}\mathbf{v}$, wenn es zwar weniger als n Eigenwerte, aber n linear unabhängige Eigenvektoren gibt. Dies geschieht, wenn für jeden Eigenwert die Dimension des λ-Eigenraumes gleich der Vielfachheit von λ als Wurzel des charakteristischen Polynoms ist.

Wenn die Dimension eines oder mehrerer Eigenräume kleiner als die Vielfachheit des Eigenwertes als Wurzel des charakteristischen Polynoms ist, existieren keine n linear unabhängigen Lösungen der Form, wie Sie sie suchen. Ein allgemeiner Ansatz in dieser Situation ist, Lösungen der Form $\mathbf{x}(t) = e^{\mathbf{A}t}\mathbf{v}$ zu suchen, wobei $\mathbf{v}$ ein konstanter Vektor und $e^{\mathbf{A}t}\mathbf{v}$ wie folgt definiert ist:

$$e^{\mathbf{A}t} = \mathbf{I} + \mathbf{A}t + \mathbf{A}^2\frac{t^2}{2!} + \ldots + \mathbf{A}^n\frac{t^n}{n!} + \ldots$$

Die obere unendliche Reihe konvergiert immer, obwohl sie sich im allgemeinen nicht berechnen läßt. Da die Reihe konvergiert, kann sie gliedweise differenziert werden, und nach einigen Vereinfachungen erhalten Sie:

$$\frac{d}{dt}(e^{\mathbf{A}t}\mathbf{v}) = \mathbf{A}e^{\mathbf{A}t}\mathbf{v}$$

Es folgt dann, daß $e^{\mathbf{A}t}\mathbf{v}$ für jeden konstanten Vektor $\mathbf{v}$ eine Lösung der Gleichung (5.1) ist. Die allgemeine Lösung sind Summen mit Termen der Form:

$$e^{\lambda t}\left(\mathbf{v}_1 + t\mathbf{v}_2 + t^2\mathbf{v}_3 + \ldots + t^{n-1}\mathbf{v}_n\right)$$

n ist die Vielfachheit von λ als Wurzel des charakteristischen Polynoms, und $\mathbf{v}_1, \ldots, \mathbf{v}_n$ sind konstante Vektoren.

Es zeigt sich, daß n linear unabhängige unendliche Reihen $e^{\mathbf{A}t}\mathbf{v}$ exakt summiert werden können, wenn sich die Eigenwerte von $\mathbf{A}$ berechnen lassen. Dieses Thema wird hier nicht weiter untersucht und auch in den meisten einführenden Texten zu Differentialgleichungen nicht behandelt. Es hängt mit dem Satz von Cayley-Hamilton zusammen, der im Kapitel 4 vorgestellt wurde.

Berechnung von $e^{\mathbf{A}t}$, wenn die Eigenwerte von $\mathbf{A}$ bestimmt werden können.

Falls Maple die Eigenwerte in der `RootOf` Form ausgibt, müssen Sie die Anweisung `allvalues` verwenden, um zu sehen, ob Maple die Eigenwerte exakt bestimmen kann. Ist das nicht möglich, wird eine Dezimalbruchnäherung ausgegeben. Die Verwendung von Näherungslösungen, die mit approximierten Eigenwerten erhalten wurden, wäre der Stoff einer vollständigen Vorlesung und kann deshalb hier nicht behandelt werden.

Es zeigt sich, daß $e^{\mathbf{A}t}$ berechnet werden kann, wenn sich die exakten Eigenwerte einer Matrix bestimmen lassen. Sie können dann mit $e^{\mathbf{A}t}$ die allgemeine Lösung konstruieren. Für viele Matrizen $\mathbf{A}$ kann Maple diese Berechnung ausführen. `dsolve` funktioniert bei einigen

Maple kann $e^{\mathbf{A}t}$ bestimmen.

dieser Beispiele nicht (wenigstens nicht in angemessener Zeit), da es allgemeinere Algorithmen anwendet, die bei nichtlinearen Gleichungen anwendbar und für homogene lineare Systeme nicht effizient sind. Der Maple-Befehl heißt `exponential` und benötigt zwei Argumente, eine Matrix und eine Variable.

Betrachten Sie ein Beispiel, bei dem die Eigenräume nicht ausreichen, um alle Lösungen zu bestimmen.

```
C:=matrix(3,3,[1,1,0,0,1,0,0,0,2]);
expCt:=exponential(C,t);
solC:=evalm(C1*(expCt&*[1,0,0])+C2*(expCt&*[0,1,0])+
   C3*(expCt&*[0,0,1]));
```

Beachten Sie, daß die Antwort wie erwartet einen Faktor t enthält, wenn es nicht genug Eigenvektoren gibt, um eine Lösung zu bilden, die nur Exponentialfunktionen enthält.

Übungen

1. Bestimmen Sie in den Aufgaben a bis e die Eigenwerte und Eigenvektoren für die Matrix **A** und, wenn möglich, verwenden Sie sie, um die allgemeine Lösung von $\mathbf{x}'(t) = \mathbf{A}\mathbf{x}(t)$ zu bestimmen. Sonst verwenden Sie $e^{\mathbf{A}t}$ zur Konstruktion der allgemeinen Lösung. Vergleichen Sie, wenn möglich, diese Lösung mit der Lösung, die von `dsolve` ausgegeben wird.

a. $\mathbf{A} = \begin{bmatrix} 1 & 0 & 0 \\ 0 & 2 & 0 \\ 0 & 0 & 3 \end{bmatrix}$

b. $\mathbf{A} = \begin{bmatrix} 3 & 2 & 4 \\ 2 & 0 & 2 \\ 4 & 2 & 3 \end{bmatrix}$

c. $\mathbf{A} = \begin{bmatrix} 1 & -2 & 1 \\ 0 & -2 & 1 \\ -1 & 3 & 0 \end{bmatrix}$

d. $\mathbf{A} = \begin{bmatrix} 1 & 1 & 1 \\ 2 & 1 & -1 \\ -3 & 2 & 4 \end{bmatrix}$

e. $\mathbf{A} = \begin{bmatrix} 2 & 0 & -1 & 0 \\ 0 & 2 & 1 & 0 \\ 0 & 0 & 2 & 0 \\ 0 & 0 & -1 & 2 \end{bmatrix}$

2. Konvertieren Sie das System

$$\begin{aligned} x'' + 2x - y &= 0 \\ y'' + 2y - x &= 0 \end{aligned}$$

in ein lineares System mit vier Gleichungen, indem Sie die Substitutionen

$$x_1(t) = x(t), \ x_2(t) = x'(t), \ x_3(t) = y(t), \ x_4(t) = y'(t)$$

ausführen. Bestimmen Sie die Eigenwerte und Eigenvektoren des resultierenden Systems und mit ihnen die allgemeine Lösung des Systems. Bestimmen Sie eine spezielle Lösung für:

$$x(0) = 0, \ x'(0) = 16, \ y(0) = 0, \ y'(0) = 0$$

Erstellen Sie für diese spezielle Lösung ein parametrisches Diagramm von $x(t)$ in Abhängigkeit von $y(t)$.

5.8 Optionen für `dsolve`

Die Laplace-Transformation

Für den Maple-Befehl `dsolve` gibt es neben der Option `explicit` noch drei weitere Optionen. Diese sind `laplace`, `series` und `numeric`. Jede dieser Methoden ist für verschiedene Arten von Differentialgleichungen wirksam. Die Option `laplace` eignet sich für Gleichungen der folgenden Form:

$$ay'' + by' + cy = f(t), \ y(0) = y_0, \ y'(0) = y_0'$$

Die Funktion $f(t)$ wird Störglied oder äußere Kraft genannt.

```
lapex:=(D@@2)(y)(t)+2*D(y)(t)-y(t)=sin(t);
lapexsol:=dsolve(lapex,y(t),laplace);
```

Lösen Sie mit der Option `laplace` *die Gleichung* $y'' + 2y' - y = \sin(t)$.

Beachten Sie, daß die Antwort `y(0)` und `D(y)(0)` als Konstanten enthält. Wenn für diese Methode Anfangsbedingungen spezifiziert werden, müssen sie für die Stelle 0 angegeben werden. Wenn Sie diese Gleichung ohne die Option `laplace` lösen, erhalten Sie eine völlig anders aussehende Antwort, da Maple einen anderen Algorithmus für die Lösung der Gleichung verwendet. Es ist schwierig zu überprüfen, ob die Lösungen gleich sind. Maple kann die Differenz der beiden

Lösungen nicht zu Null vereinfachen. Jedoch können Sie überprüfen, ob beide Antworten wirkliche Lösungen sind. Da der Eindeutigkeitssatz in diesem Fall gilt, folgt daraus, daß sie gleich sind.

Vergleichen Sie die Lösungen mit und ohne **laplace** *Option.*

```
lapex2:=diff(y(t),t,t)+2*diff(y(t),t)-y(t)=sin(t);
init2:=y(0)=1,D(y)(0)=1;
sol1:=dsolve({lapex2,init2},y(t),laplace);
sol2:=dsolve({lapex2,init2},y(t));
simplify(rhs(sol1)-rhs(sol2));
simplify(subs(sol1,lapex2));
simplify(subs(sol2,lapex2));
```

Beachten Sie, obwohl die Differenz der Lösungen sich nicht zu Null vereinfacht, sind beide tatsächlich Lösungen, da die letzten beiden Anweisungen $\sin(t) = \sin(t)$ zurückgeben. Sie müssen deshalb gleich sein.

Sie können die Laplace-Transformierte und ihre Inverse berechnen.

Die Option **laplace** für **dsolve** basiert auf der Berechnung der Laplace-Transformierten. In dem Package **inttrans** bietet Maple eine zusätzliche Prozedur mit dem Namen **laplace** zur Berechnung der Laplace-Transformierten. Wollen Sie diese bei der Lösung einer Gleichung verwenden, müssen Sie die folgenden Schritte ausführen:

1. Führen Sie die Laplace-Transformation für die vollständige Gleichung aus.

2. Lösen Sie die Laplace-Transformierte der abhängigen Variablen.

3. Führen Sie die inverse Laplace-Transformation für die resultierende Gleichung aus.

Entweder vor dem 2. Schritt oder nach 3. Schritt fügen Sie die Anfangsbedingung ein.

Lösen Sie
$y'' + y' + 3y = \cos(t),$
$y(0) = 2,\ y'(0) = -1$
mittels Laplace-Transformation.

```
with(inttrans):
eq:=diff(y(t),t,t)+diff(y(t),t)+3*y(t)=cos(t);
Leq:=laplace(eq,t,s);
LY:=solve(Leq,laplace(y(t),t,s));
sol:=invlaplace(LY,s,t);
subs({y(0)=2,D(y)(0)=-1},sol);
```

Sie sollten die angezeigte Lösung mit der von **dsolve(...,laplace)** vergleichen.

Die Heaviside-Funktion Die Methode der Laplace-Transformation ist besonders gut in Fällen anwendbar, wenn die Funktion $f(t)$ unstetig ist. Viele unstetige Funktionen können durch eine einfache Funktion, der Heaviside-Funktion $H(t)$, ausgedrückt werden, die wie folgt definiert ist:

$$H(t) = \begin{cases} 0 & \text{für } t < 0 \\ 1 & \text{für } t \geq 0. \end{cases}$$

Die Funktion `Heaviside` ist in der Maple-Funktionsbibliothek eingebaut. Die `laplace` Option von `dsolve` erkennt und löst Gleichungen, die die Heaviside-Funktion enthalten. Betrachten Sie das folgende Beispiel:

$$y'' + 3y' + 2y = \begin{cases} 1, & \text{für } 0 \leq t \leq 1 \\ 0, & \text{für } t > 1 \end{cases}, \ y(0) = 0, \ y'(0) = 1.$$

Dies kann mit der Heaviside-Funktion wie folgt geschrieben werden:

$$y'' + 3y' + 2y = H(t) - H(t-1), \ y(0) = 0, \ y'(0) = 1.$$

```
hex:=(D@@2)(y)(t)+3*D(y)(t)+2*y(t)=
    Heaviside(t)-Heaviside(t-1);
hinit:=y(0)=0,D(y)(0)=1;
hexsol:=dsolve({hex,hinit},y(t),laplace);
```

Lösen Sie dieses Beispiel.

Wie erwartet, wird die Antwort in Ausdrücken der Heaviside-Funktion angegeben. Die Lösung ist trotzdem eine stetige Funktion, wie Sie aus dem Lösungsgraphen erkennen können.

```
plot(rhs(hexsol),t=0..10);
```

Skizzieren Sie die Lösung.

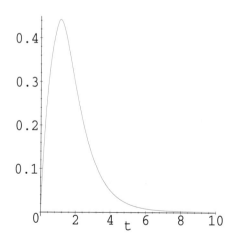

Die Lösung für
$y'' + 3y' + 2y =$
$= H(t) - H(t-1),$
$y(0) = 0, \ y'(0) = 1.$

Häufig treten in Anwendungen kompliziertere unstetige Funktionen auf. Betrachten Sie die Funktion $g(t)$, die durch folgenden Graphen gegeben ist:

Beispiel einer unstetigen Funktion.

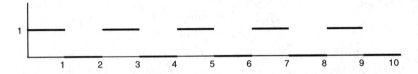

Diese Funktion kann mit der Heaviside-Funktion wie folgt geschrieben werden:

$$g(t) = \sum_{n=0}^{n=4} H(t - 2n) - H(t - 2n - 1)$$

Drücken Sie mit Hilfe des Befehls **sum** diese Funktion aus und lösen dann die Gleichung $y'' + 3y + 2y = g(t)$.

Lösen Sie die Gleichung und stellen Sie die Lösung graphisch dar.

```
f:=sum(Heaviside(t-2*n)-Heaviside(t-2*n-1),n=0..4);
eq:=(D@@2)(y)(t)+3*D(y)(t)+2*y(t)=f;
eqi:=y(0)=0,D(y)(0)=1;
eqsol:=dsolve({eq,eqi},y(t),laplace);
plot(rhs(eqsol),t=0..10);
```

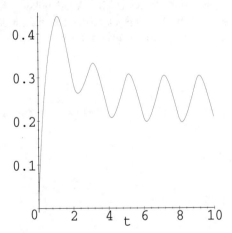

Die Lösung für
$y'' + 3y' + 2y = g(t),$
$y(0) = 0,\ y'(0) = 1.$

Wieder können Sie sehen, daß die Lösung stetig zu sein scheint.

Übungen

1. Verwenden Sie `dsolve` mit der Option `laplace` und lösen Sie die Anfangswertprobleme a bis d. Zeichnen Sie die Lösungen für das Intervall $0 \leq t \leq 10$.

a. $y'' + y = \begin{cases} 0, & 0 \leq t \leq \pi \\ 1, & \pi < t \end{cases}$, $y(0) = 0$, $y'(0) = 1$

b. $y'' + 2y' + y = \begin{cases} t, & 0 \leq t \leq 1 \\ 0, & 1 < t \end{cases}$, $y(0) = -1$, $y'(0) = 1$

c. $y'' + y' + 7y = \begin{cases} t, & 0 \leq t \leq 2 \\ 0, & 2 < t \end{cases}$, $y(0) = 0, y'(0) = 0$

d. $y'' + y = \sum_{n=0}^{4} (H(t - 2n\pi) - H(t - (2n + 1)\pi))$, $y(0) = 0$, $y'(0) = 0$

2. Maple kennt auch die Diracsche Delta-Funktion und bietet sie unter dem Namen `Dirac` an. Mit `?Dirac` erhalten Sie weitere Informationen. Die übliche mathematische Schreibweise lautet $\delta(t)$.

a. $y'' + y = \sum_{n=0}^{4} \delta(t - 2n\pi)$, $y(0) = 0$, $y'(0) = 0$

b. $y'' + y = \sum_{n=0}^{8} \delta(t - n\pi)$, $y(0) = 0$, $y'(0) = 0$

Reihenlösungen

Betrachten Sie als nächstes allgemeine lineare Differentialgleichungen der Form:

$$a(t)y''(t) + b(t)y'(t) + c(t)y(t) = f(t).$$

Mit Reihenlösungen können Sie einige dieser Gleichungen lösen. Sind $a(t), b(t), c(t)$ und $f(t)$ in konvergente Potenzreihen in einem Intervall um den Punkt t_0, dann können Sie erwarten, daß die Lösung eine konvergente Potenzreihe in einem Intervall um t_0 hat.

Ist $a(t_0) \neq 0$ und können $a(t), b(t), c(t)$ und $f(t)$ als Potenzreihe in einem Intervall um t_0 geschrieben werden, dann heißt t_0 regulärer Punkt der Differentialgleichung. In diesem Fall stellt ein Taylor-Polynom eine konvergente Potenzreihe in einem Intervall um t_0 dar:

$$y(t) = \sum_{n=0}^{\infty} y^{(n)}(t_0) \frac{(t - t_0)^n}{n!}.$$

Zur Bestimmung der Terme dieser Potenzreihe müssen die Ableitungen von y an der Stelle t_0 berechnet werden. Betrachten Sie die folgende Gleichung:

$$(1 - t^2)y'' - 6ty' - 4y = 0, \ y(0) = 0, \ y'(0) = 1.$$

Bestimmen Sie die ersten Terme der Reihenlösung in einer Umgebung des regulären Punktes $t = 0$. Sie finden $y''(0)$, indem Sie die Gleichung für $y''(t)$ lösen und dann den Wert $t = 0$ in die Gleichung einsetzen.

Bestimmen Sie $y''(0)$.

```
sereq:=(1-t^2)*diff(y(t),t,t)-2*t*diff(y(t),t)+4*y(t)=0;
yppt:=solve(sereq,diff(y(t),t,t));
ypp0:=subs({t=0,y(t)=0,diff(y(t),t)=1},yppt);
```

Die zweite Ableitung wird in Termen von $y(t)$ und $y'(t)$ ausgegeben und der Wert der zweiten Ableitung für $t = 0$ angezeigt. Sie können dann $y^{(3)}(0)$ durch Differentiation bestimmen und die Anfangsbedingungen zusammen mit dem Wert einsetzen, den Sie gerade für $y''(0)$ gefunden haben.

Bestimmen Sie $y^{(3)}(0)$.

```
yppp0:=subs({t=0,y(t)=0,diff(y(t),t)=1,
    diff(y(t),t,t)=ypp0},diff(yppt,t));
```

Der Wert der dritten Ableitung für $t = 0$ wird angezeigt. Um $y^{(n)}(0)$ für weitere Terme zu berechnen, ist es günstigster, die berechneten Werte zu speichern und eine Schleife für die Berechnungen zu schreiben. Um die erhaltene Lösung für weitere Berechnungen zu nutzen, muß die Potenzreihe in t mit diesen Koeffizienten gebildet werden. Maple führt jedoch alle diese Berechnungen bei Benutzung der Option **series** in **dsolve** für Sie aus.

Berechnen Sie mit **dsolve** *eine Reihenlösung.*

```
sereq:=(1-t^2)*diff(y(t),t,t)-2*t*diff(y(t),t)+4*y(t)=0;
sereqsol:=dsolve({sereq,y(0)=0,D(y)(0)=1},y(t),series);
```

Man erhält ein Polynom fünften Grades. Die Ordnung der von **dsolve** bei Benutzung der Option **series** zurückgegebenen Reihenlösung wird durch die globale Variable **Order** bestimmt. Sie ist in der Voreinstellung auf 6 gesetzt. Wenn Sie mehr Terme wünschen, müssen Sie den Wert von **Order** ändern, bevor Sie **dsolve** aufrufen.

Berechnen Sie die Reihenlösung zehnter Ordnung.

```
Order:=10;
sereq:=(1-t^2)*diff(y(t),t,t)-2*t*diff(y(t),t)+4*y(t)=0;
sereqsol2:=dsolve({sereq,y(0)=0,D(y)(0)=1},y(t),series);
```

Es wird ein Polynom neunten Grades zurückgegeben. Um die Ergebnisse der Reihenlösung zu nutzen, ob zur Auswertung eines Punktes oder für eine Darstellung, müssen Sie sie zuerst in ein Polynom konvertieren. Beachten Sie, daß der Koeffizient von $y''(t)$ in diesem Beispiel für 1 und -1 Null ist und Sie deshalb nur sinnvolle Lösungen im Bereich $-1 < t < 1$ erwarten können.

```
poly1:=convert(rhs(sereqsol1),polynom);
poly2:=convert(rhs(sereqsol2),polynom);
plot({poly1,poly2},t=-2..2,-5..5);
```

*Vergleich von Reihen-
lösungen unterschied-
licher Ordnung mit*
`plot`*.*

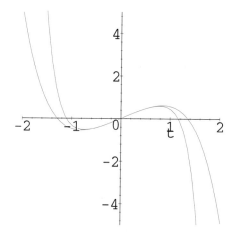

*Vergleich von Reihen-
lösungen verschiedener
Ordnung.*

Rekursionsgleichungen Die Terme einer Taylor-Reihe über die Ableitung zu berechnen, hat einige gravierende Nachteile. Einerseits kann
die Berechnung der Ableitungen, auch mit der Hilfe von Maple, zeitaufwendig sein. Andererseits kann es schwierig sein, einen Ausdruck
für die allgemeinen Terme der Potenzreihe zu finden. Der Term k-ter
Ordnung der Taylor-Reihe für die Lösung von $y' = y$, $y(0) = 1$ ist
$x^k/k!$. Mit obiger Prozedur kann dies leicht nachvollzogen werden. So
einfach ist es aber für die wenigsten Gleichungen.

Die Methode der unbestimmten Koeffizienten erfordert für einen regulären Punkt nicht die Berechnung von Ableitungen. Es wird allerdings vorausgesetzt, daß $a(t)$, $b(t)$ und $c(t)$ Polynome in t sind und
daß $f(t) = 0$ ist. Diese Bedingungen sind strenger, als es für die Anwendung der Methode nötig wäre. Sie gehen von der Annahme aus,
es existiert eine Lösung der Form

*Die Methode der
unbestimmten
Koeffizienten.*

$$y(t) = \sum_{n=0}^{\infty} a_n t^n$$

und a_0, a_1 seien beliebig. Einsetzen dieses Ausdrucks in die Gleichung

$$a(t)y''(t) + b(t)y'(t) + c(t)y(t) = 0$$

177

führt zu Bedingungen, die die Koeffizienten a_n erfüllen müssen. Betrachten Sie das folgende Beispiel:

$$y'' + t^2 y = 0.$$

Für das Verschwinden einer Potenzreihe über jedem Teilintervall ist es notwendig, daß jeder Koeffizient der Reihe Null ist. Folglich müssen nach Einsetzen der Potenzreihe für $y(t)$ alle Koeffizienten von t auf der linken Seite der resultierenden Gleichung 0 sein, da $f(t)$ Null ist. Daraus ergibt sich folgende Relation für die Gleichung:

$$\sum_{n=0}^{\infty} n(n-1)a_n t^{n-2} - \sum_{n=0}^{\infty} (n^2 + 5n + 4)a_n t^n = 0.$$

Das Isolieren und Nullsetzen der Koeffizienten von t^k ergibt folgende Bestimmungsgleichung für die Koeffizienten:

$$a_{k+2} = -\frac{1}{(k+2)(k+1)} a_{k-2}.$$

Dies ist eine Rekursionsgleichung. Um den k-ten Term zu erhalten, müssen Sie alle Summen bis $k+2$ bilden, da zweifache Differentiation die Ordnung des k-ten Terms in der ersten Summe um zwei reduziert. Sie summieren von $k-2$, da die Polynomkoeffizienten die Ordnung ≤ 2 haben; folglich wird die Ordnung von k um zwei erhöht. Eine Erläuterung für `coeff` erhalten Sie, wenn Sie `?coeff` eintippen.

Bestimmen Sie die Rekursionsgleichung für a(n).

```
sereq3:=diff(y(t),t,t)+t^2*y(t)=0;
soly:=sum(a[n]*t^n,n=k-2..k+2);
subs(y(t)=soly,sereq3);
termk:=coeff(lhs(simplify(")),t^k);
solve(termk,a[k+2]);
```

Die letzte Anweisung hat folgende Ausgabe:

$$-\frac{a_{k-2}}{2 + k^2 + 3k}$$

Die Rekursionsgleichung führt zu einer Reihenlösung.

Sie können eine Prozedur schreiben, um $a(n)$ zu berechnen und mit Hilfe der Rekursionsgleichung eine Reihennäherung der Lösung zu konstruieren. Betrachten Sie die Ausgabe der letzten Anweisung, Sie sehen, daß für die Berechnung von $a[2]$ und $a[3]$ die Werte $a[-1]$ und $a[-2]$ benötigt werden. Beachten Sie, daß $a_0 = y(0)$ und $a_1 = y'(0)$ gilt.

```
a[-2]:=0;
a[-1]:=0;
a[0]:=a0;
a[1]:=a1;
for k from 0 to 7 do
    a[k+2]:=-a[k-2]/((k+2)*(k+1))
od;
k:='k';
sereq3sol:=sum(a[k]*t^k,k=0..9);
```

Konstruieren Sie mit Hilfe der Rekursionsgleichung die ersten zehn Terme der Reihe.

Das Lösungspolynom neunten Grades wird angezeigt. Vergleichen Sie diese Antwort mit der Ausgabe der Anweisung `dsolve(...,series)`.

Besselsche Differentialgleichung

Es gibt Reihentechniken für den Fall, daß t_0 kein regulärer Punkt der Gleichung ist, die resultierende Reihe ist dann im allgemeinen aber keine Taylor-Reihe. Stattdessen enthalten sie gebrochene Exponenten und logarithmische Terme. Zudem ist es wahrscheinlich, daß einige Lösungen in t_0 nicht definiert sind. Damit können Sie dann keine Anfangsbedingungen für t_0 angeben. Maple kann Reihenlösungen für viele dieser Gleichungen erzeugen. Ein Beispiel, das in Anwendungen auftritt, ist die folgende Besselsche Differentialgleichung:

Gleichungen mit singulären Punkten.

$$t^2 y'' + t y' + (t^2 - \mu^2) y = 0.$$

$\mu \geq 0$ ist ein Parameter dieser Gleichung.

```
besseq:=t^2*diff(y(t),t,t)+t*diff(y(t),t)+
    (t^2-(1/2)^2)*y(t)=0;
besseqsol:=dsolve({besseq},y(t),series);
```

Bestimmen Sie eine Reihenlösung der Besselschen Differentialgleichung mit $\mu = 1/2$.

Die Reihenlösungen der Besselschen Differentialgleichung haben eine lange Geschichte und fundamentale Lösungen, die mit Techniken gefunden wurden, die über den Rahmen dieses Buches hinausgehen: $J_\mu(t)$ heißen *Bessel-Funktion erster Art der Ordnung* μ und $Y_\mu(t)$ *Bessel-Funktion zweiter Art der Ordnung* μ. Diese Funktionen sind in Maple integriert und werden bei Eingabe der allgemeinen Besselschen Differentialgleichung mit der Anweisung `dsolve` ausgegeben.

```
besseqmu:=t^2*diff(y(t),t,t)+t*diff(y(t),t)+
    (t^2-(mu)^2)*y(t)=0;
besseqsol:=dsolve({besseqmu},y(t));
```

Lösen Sie die Besselsche Differentialgleichung mit `dsolve`.

Die Lösung wird in Termen der eingebauten Maple-Funktionen `BesselJ` und `BesselY` zurückgegeben.

Übungen

1. Bestimmen Sie mit Bleistift und Papier die rekursive Bestimmungsgleichung für

$$y' - y = 0$$

mit dem Mittelpunkt in $t = 0$. Bestimmen Sie mit der in diesem Abschnitt beschriebenen Vorgehensweise durch Maple die rekursive Bestimmungsgleichung. Da es eine Gleichung erster Ordnung ist, müssen Sie den k-ten Term für $a[k+1]$ bestimmen. Stimmt Ihr Ergebnis mit der Taylor-Reihe der bekannten Lösung $y(t) = y(0)e^t$ überein?

2. Bestimmen Sie die Reihenlösung mit dem Mittelpunkt in $t = 0$ für die Gleichung:

$$(1 - t^2)y'' - 6ty - 4y = 0$$

Bestimmen Sie die rekursive Bestimmungsrelation für die Koeffizienten und vergleichen Sie die resultierende Reihenlösung mit dem Ergebnis der durch `dsolve`, `series` gelieferten ersten zehn Terme.

3. Bestimmen Sie die Reihenlösung mit dem Mittelpunkt in $t = 0$ für die Gleichung:

$$y' + 3t^5 y = 0$$

Um die rekursive Bestimmungsrelation zu bestimmen, summieren Sie mit Maple von $k - 5$ bis $k + 1$. Da es eine Gleichung erster Ordnung ist, lösen Sie den k-ten Term für $a[k+1]$. Setzen Sie $a[n] = 0$ für die passende Zahl negativer Werte n, wenn Sie die Taylor-Reihe aus der rekursiven Bestimmungsrelation konstruieren. Vergleichen Sie das Ergebnis mit dem Ergebnis von `dsolve,series` für die ersten zehn Terme.

4. Bestimmen Sie die Reihenlösung mit dem Mittelpunkt in $t = 1$ für die Gleichung:

$$y'' + ty' + 2y - t - 3 = 0, \ y(1) = 0, \ y'(1) = 1$$

Substituieren Sie zuerst $t = z + 1$, und lösen Sie die Gleichung

$$\frac{d^2 y}{dz^2} + (1 + z)\frac{dy}{dz} + 2y - 4 - z = 0$$

mit dem Mittelpunkt in $z = 0$. Dann setzen Sie $z = t - 1$ in die resultierende Taylor-Reihe ein.

Stichwortverzeichnis